批判性思维教育研究

Journal of Critical Thinking Education

2023年 第3辑

华中科技大学出版社　　华中科技大学创新教育和批判性思维研究中心

国内顾问（以姓氏拼音为序）

曹莉　曹林　陈廷柱　杜国平　高萍　郭佳宏　晋荣东　李培根　李晓燕
林丹明　刘培育　刘玉　钱颖一　屈向军　孙有中　吴格明　武宏志　熊明辉
徐飞　杨武金　于德弘　余东升　周北海　周远生　朱素梅

国外顾问

Sharon Bailin 莎伦·白琳（加）	Mark Battersby 马克·巴特斯比（加）
Anthony Blair 安东尼·布莱尔（加）	Frans van Eemeren 弗朗斯·范·爱默伦（荷）
Robert Ennis 罗伯特·恩尼斯（美）	Peter Facione 彼得·范西昂（美）
Tim van Gelder 提姆·范哥尔德（澳）	Trudy Govier 特鲁迪·戈维尔（加）
Hans V. Hansen 汉斯·汉森（加）	David Hitchcock 戴维·希契科克（加）
Ralph Johnson 拉尔夫·约翰逊（加）	Michael Scriven 迈克尔·斯克里文（美）
Christopher Tindale 克里斯托弗·廷德尔（加）	John Woods 约翰·伍兹（加）

编辑学术委员会

主　任　董毓

委　员（以姓氏拼音为序）
　　　　吴妍　武宏志　谢小庆　余党绪　张立英　朱素梅

主　编　董毓
执行主编　吴妍　董毓
副主编　刘玉
特邀编辑　李慧华　张涵淋　王小青　谭华

批判性思维教育研究

2023年 第3辑

Journal of Critical Thinking Education

No.3, 2023

主　　编　[加] 董毓
执行主编　吴妍

华中科技大学出版社
http://press.hust.edu.cn
中国·武汉

图书在版编目（CIP）数据

批判性思维教育研究.2023年.第3辑/（加）董毓主编；吴妍执行主编.—武汉：华中科技大学出版社，2023.12
ISBN 978-7-5772-0321-8

Ⅰ.①批… Ⅱ.①董… ②吴… Ⅲ.①思维方法-教育研究 Ⅳ.①B804

中国国家版本馆CIP数据核字（2023）第244555号

批判性思维教育研究（2023年 第3辑） （加）董 毓 主编
Pipanxing Siwei Jiaoyu Yanjiu (2023 Nian Di-san Ji) 吴 妍 执行主编

策划编辑：张馨芳 钱 坤
责任编辑：苏克超
封面设计：董 毓 廖亚萍
责任监印：周治超
出版发行：华中科技大学出版社（中国·武汉） 电话：（027）81321913
　　　　　武汉市东湖新技术开发区华工科技园 邮编：430223
录　　排：华中科技大学出版社美编室
印　　刷：湖北新华印务有限公司
开　　本：787mm×1092mm　1/16
印　　张：11.75　插页：2
字　　数：289千字
版　　次：2023年12月第1版第1次印刷
定　　价：59.80元

本书若有印装质量问题，请向出版社营销中心调换
全国免费服务热线：400-6679-118　竭诚为您服务
版权所有　侵权必究

编者前言

批判性思维，从杜威解说他的"反思性思维"开始，就不是以否定为必然目的或者结果的思维活动。相反，在杜威以及当代主流理论中，比如恩尼斯定义的那种"决定信念和行动"的批判性思维，是为了达到认知或者合理行动的目的而对问题或者观念进行细致思考——深入、透彻、全面和进一步的系统性探究思考。

这里特别要注意"细致思考"的两个修辞词——"全面"和"进一步"，因为这是杜威的批判性思维的两个相辅相成的根本特征。即它要探究多方面——既有正也有反——的证据，而且还要探究新——未知——的证据。简言之，只有包括了向前发展，思维才是全面的；或者反过来说，思维要全面，就必须要发展。杜威已经说得很明白：只要是按照已有信息和想法来解决问题或判断观念的行为，都是非批判性思维的。

如果清晰地认识到这些特征，也会清楚这个结论，即批判性思维的终极目标，从杜威那里开始，其实是寻求肯定而不是否定。批判性思维是要获得有成效的发展，而且对此要花大工夫，这个目标只有通过全面的构造和考察——包括寻找和排除各种可能的否定——才能达到。

这种正面的建设性目标，就像是为人解决防风挡雨的问题而建立一个房屋，它需要完成砌砖筑墙、上梁盖瓦，所有工作才能完成。而那种找一个观念的事实的反例或者不一致以便否定它的做法，类似于在房屋的某块砖处找漏缝，它和建设的工作量不可比拟，而且它只有服务于完善这个建筑事业的目的才有意义。批判性思维要获得真知、解决问题，而不是否定一个什么就万事大吉。

这就是本辑第一篇文章的前提和基础。只有这样认识批判性思维的本质，才可以体会到探究实证的批判性思维路线图（以下简称"路线图"）的必要性和意义。因为它规定，批判性思维的目的不只是找砖缝，而是为了合理认知和有效解决问题而进行完整的建筑工作。这是个"探究实证"过程：它始于对疑难问题的确定和分析，然后从问题、概念、证据、推理、假设和辩证六大方面思考对问题提出的解释和解决，以图达到实证的、综合平衡的满意论证，最后以此做出决定——判断解释或解决的可信性或合理性。可见，这个探究实证过程，其实是杜威和当代主要定义的内涵的自然展开。换句话说，如果接受那样的定义，但不承认需要这样的探究实证，就会是不一致或自我矛盾的。

人类的认知和行动，从根本上说是为解决人的物质、精神问题和需求来建造和创造。众所周知，科学发现的过程，同样需要待解决的真问题，需要提出对问题的解决或者解释的新想法，需要对该想法进行检验论证。所以，问题、想法和论证，是科学发现发明模式的三大必要构成，缺一个都不行。不幸的是，我们的学生的一个常见现象，就是"三无"——无问题、无想法、无论证——不是只缺某一个而是都缺。从这里，可以知道为什么有"钱学森问题":因为这"三无"的普遍存在。我们的学校把记住书本知识、做人造习题、对照标准答案当作教育的全部已经太久了。

而探究实证的批判性思维,如上所述,正好为解决这"三无"对症下药。路线图沿着提出问题、进行各种思考和锻造综合平衡的论证的程序展开,就像专门为这样的"三无"型手指编制的手套。所以,这样的批判性思维教育,是眼下的竞争和创新时代的教育目标中的一个不能忘记的构成,就像为了生产电动车不能忘记制造电机一样。

《如何探究和实证——批判性思维路线图的理解和运用》比较系统地叙述这个探究实证的路线图的理论和实践的来源和依据,它的内涵和构成,它与学术、决策和解决复杂问题方法的关系,以及它对创新教育的意义。文章最后简述一个实例来展现它如何达到这样的合理判断。期待这篇澄清认识、指明方向、展示做法的文章对探究实证的批判性思维教育起到进一步的推动作用。

可喜的是,《批判性思维教育研究》(2023年第3辑)的文章中,已经有不少是路线图的相关研究和教学实践报告。吴妍的《何以获得好的探究力——兼谈批判性思维二元问题分析法的探究实践路径》,阐述二元问题分析法在提升探究能力上的价值。文章通过实例的比较研究,揭示该分析法其实引导着路线图列出的那些探究任务。这个揭示是正确的,相信本文的读者会加深和扩展对该分析法的认识,从而在教学中以此来帮助学生提高探究能力。

《如何构造批判性阅读文本来提升学生的科研思考能力》一文,说明如何选取合适的科学文本,以便完整又简明地帮助批判性阅读的教学。典型的批判性阅读要完成路线图上的全部任务,所以它其实是运载批判性思维教育的船。在推动学科、专业结合中,路线图可以通过批判性阅读合适的专业文本,有力培养学生产生问题、想法和论证的学术能力。学科、专业结合是一个人人谈论但又人人觉得困难的方向,这篇文章给出的实例,展示如何寻找学科文本、如何对这样的文本进行批判性阅读,从而激发问题和思考等。它展示了一个有用的桥梁,希望能产生普遍的响应。

程漫春的《批判性思维在学术英语写作教学中的运用——以评估报告写作构思为例》,探讨如何运用路线图指导学术英语写作构思,并解决学生写作中的常见问题,以期推进将批判性思维有效融入学术写作教学的目标,作者的工作很值得赞赏。郭雯、张妍的《互动式教学策略在大学生批判性阅读中的运用和作用》,也是研究如何运用互动教学来促进以路线图为依据的批判性阅读,这是批判性思维教学中的一个重要手段,希望更多老师也进行这样的尝试。孙金峰的《汕头大学整合思维课程混合式教学的成效和反思》,介绍汕头大学整合性思维课程的混合式教学的经验和反思。它包括容易学习和借鉴的细节,比如在批判性思维的教学中,依据路线图的要求而构造提示论证写作的系列问题。陈尚宾的《迎难而上——华中科技大学批判性思维小班教学》,是正在改革中的大学批判性思维课程的阶段性成果报告。这个改革正是依据路线图的目标、原则和任务来设计的,一些做法是国内首创。文章传递了关于它的指导思想、实施、经验、困难和反思的诸多独特信息。不用说,第一次"吃螃蟹"的体会是宝贵的,对未来推广的价值不言而喻。

问题是探究实证的批判性思维的启动点,本辑展现基础教育的老师们在这方面的一些探索和经验。代俊萍、任雪洁、何耀华的《以问题激发问题,以开放引领思维——提升学生批判性思维的高中生物教学实践探索》,展示用开放式论题、科学史教学、"自我评价"

式试卷讲评等做法来构成问题，以促进学习中的开放、灵活与有深度的思考。该文章富含专业教学的内容和实践细节，值得和可以被其他学校老师们借鉴。娄福艳、吴妍、王浩鑫的《以批判性思维二元问题分析法为指导的高中化学探究型教学设计》，从标题上就可以看出文章的目标和做法梗概。细读内容，可以了解作者在高中化学课程"电解质的电离"的教学中，用批判性思维二元问题分析法来构造问题链，用以指导探究型教学设计。二元问题分析法的一个重要运用就是在教学中，它天然可以指导构造有意义、有结构的问题系列，帮助老师在课堂上进行苏格拉底式互动教学。这方面的实践一贯稀少，使得这篇文章十分可贵。希望老师们阅读并也进行这样的尝试。吴妍、陈晓燕的《小学数学"统计与概率"中的批判性思维融合式教学实践研究》，依据批判性思维路线图，对统计数据进行问题分析、论证分析、论证评估，可以培养学生在数学学习中运用批判性思维来分析和解决问题，还可以帮助学生在信息社会中做出独立判断。文章以具体的案例来说明这样的双向通道：既帮助学生进行学科知识学习，也提升其批判性思维的意识和能力，使得知识教学效果得到提高，达到能力培养的境地。

本辑的其他文章，也反映出当代批判性思维观念下的理论研究和教学实践。马克·巴特斯比和莎伦·白琳的《联导推理：做出合理判断的准则》，对联导推理这个在人类生活各领域都存在的重要论证进行了阐述。文章从联导推理的辩证性和背景性入手，提供了指导联导推理的具体原则，并基于这些原则，给出识别联导推理的准则。

联导推理虽然由韦尔曼首次作为独立于演绎和归纳的第三种类型的推理提出，特鲁迪·戈维尔是将它引入研究者和教育者的视线，使之得到广泛承认的重要学者。她在《联导论证：一个未被接受的推理和论证观》中回溯了韦尔曼对联导论证的提出和论述，并进而指出，这种通过正反考虑来对结论提供权衡性、累积性但非结论性的支持的论证，确实是真实和重要的一种推理类型，而且其存在的范围比韦尔曼指出的还要广泛。今天，联导论证的教学在批判性思维教育中越来越重要，因为它确实是大量日常论证的模式。在批判性思维路线图上的辩证和综合的任务中，它是一个重要的载具和规范，很多正—反—正论证文章的写作其实就是联导论证的写作。

对非形式逻辑与论证理论领域的专业人士而言，汉斯·汉森是重要的代表性学者。他的《是否存在非形式逻辑的方法》，列举了几种用来评估前提对结论的推论力度的非形式逻辑的方法，并在对照形式逻辑的基础上，提供了评估这些方法的一些标准，比较它们的特征、内容、功能、充分性等。这是非形式逻辑方法论的研究。作者认为，和形式逻辑一样，非形式逻辑在评估前提的真假上依然不能和专业方法相比，所以它只应该关注前提对结论的推论这一部分。作者将非形式逻辑定义为评估推论的非形式方法集。本文的读者们可以从中得到多层次的了解和思路。

正如武宏志在《批判性思维标准化测试之困》中指出的，批判性思维测试已形成一股热潮并被商业化，但问题多多，特别是标准化（选择题型）测试工具本身，不管经过多少改善，都达不到真正测试的目标。作者对它的各种缺失和矛盾做了细致的分析和阐述，指出其本质和来源在于批判性思维技能和倾向的复杂性，使其难以用一种标准化格式来量化、把握和衡量。这个认识是正确的。对任何要认真从事测试工作的人和批判性思维教师们，这篇文章应该列为必读。

曹林的《批判性思维需要写作欲望的驱动》，以生动的笔法阐述了写作对批判性思维形成、展开和实现的必要作用。作者认为，思维离不开写作，写作过程是思维固化成形的过程，进入写作状态，思维才会完全伸展开来，批判性思维是用"手"去思考的，而不只是用"脑"。他还说，我们训练思维，主要不是去分析别人的文本，而是要提升自己的写作和表达能力，别人的文本只是训练自身写作的一种中介。这倒是和我们上面说的否定不是最终目的，建设才是的观点一致。写作在批判性思维理论中一直被赋予崇高的地位，被认为起着训练、完善、实现、表达思维能力的作用。但教育实践中，写作的训练依然极为不足，它的缺乏的不良后果举目皆是。曹林的文章，给这个认识增加了有力的论述，可以帮助它在实践中的推进。

聂薇、方子涵的《批判性思维与英语辩论教学融合——以定义构造为例》，从一个不多见但意义不小的角度来将批判性思维的方法和辩论教学结合。作者基于十多年的英语辩论教学实践，发现初学辩论的学生在分析辩题的第一步就遇到较大困难，即下定义时遇到多种问题。作者借鉴批判性思维理论，在亨特提出的定义构造的四个步骤之上加入限定具体语境的要求，提出辩论定义构造五步骤模型，并进行了理论和实践的论述。作者的目的是帮助辩论教学，但澄清概念的操作方法的研究，具有更普遍的意义和作用，值得其他领域的教师阅读。

《ChatGPT 和批判性思维教育》一文，面对 ChatGPT 的浪潮，分析 ChatGPT 的优缺点，并论证批判性思维教育在 AI 时代更加必要和重要的结论。文章的特点之一是案例中使用的文章《要有黑暗》，该文在中外英语教学中一直被作为优良范文来学习，使用 ChatGPT 对它产生的分析文也得出正面评价。但在批判性思维路线图的六大方面的分析和评估下，它显示了论证上的众多缺陷和不足，其严重性足以否定对它的可信性和说服力的正面判断。批判性思维是独立思考，是合理的独立思考，是能得到洞察的独立思考。这篇文章显示了以路线图为载体的批判性思维的价值，认真的读者对此会有深刻印象和良好收获。

《批判性思维教育研究》的作者和编者们也为继续提供这样丰富和多样的思想"食品"而自豪。

董毓

2023 年 12 月 20 日

目 录

2023 年 第 3 辑

■ 基本观念

如何探究和实证
——批判性思维路线图的理解和运用 / 董　毓　　　　　　　　1

联导推理：做出合理判断的准则 / 马克·巴特斯比、莎伦·白琳（著）　黄淳、
　　吴妍（译）　张涵淋、梁阳阳（校）　　　　　　　　　　　　　13

联导论证：一个未被接受的推理和论证观 / 特鲁迪·戈维尔（著）
　　董毓（译）　李慧华（校）　　　　　　　　　　　　　　　　27

■ 理论研究

ChatGPT 和批判性思维教育 / 董　毓　　　　　　　　　　　　　38
是否存在非形式逻辑的方法 / 汉斯·汉森（著）　李慧华（译）　谢芹（校）　48
何以获得好的探究力
——兼谈批判性思维二元问题分析法的探究实践路径 / 吴　妍　　61

■ 教学与测试

批判性思维标准化测试之困 / 武宏志　　　　　　　　　　　　　74
如何构造批判性阅读文本来提升学生的科研思考能力 / 董　毓　李琼　86
批判性思维在学术英语写作教学中的运用
——以评估报告写作构思为例 / 程漫春　　　　　　　　　　　96
批判性思维与英语辩论教学融合
——以定义构造为例 / 聂　薇　方子涵　　　　　　　　　　109
互动式教学策略在大学生批判性阅读中的运用和作用 / 郭　雯　张　妍　120
汕头大学整合思维课程混合式教学的成效和反思 / 孙金峰　　　　128
迎难而上
——华中科技大学批判性思维小班教学 / 陈尚宾　　　　　　136

■ 思考与实践

批判性思维需要写作欲望的驱动 / 曹　林　　　　　　　　　　144

■ **基础教育**

以问题激发问题,以开放引领思维
　　——提升学生批判性思维的高中生物教学实践探索／代俊萍　　任雪洁　　何耀华　151
以批判性思维二元问题分析法为指导的高中化学探究型教学设计／娄福艳
　　吴　妍　王浩鑫　159
小学数学"统计与概率"中的批判性思维融合式教学实践研究／吴　妍　陈晓燕　166

■ **编读往来**

如何撰写批判性思维的教学经验交流文章／董　毓　174

《批判性思维教育研究》征稿启事／《批判性思维教育研究》编辑部　179

Contents

NO. 3, 2023

■ Concepts and Elements

Inquiry and Evidence-based Argumentation—Understanding and Application of
   Critical Thinking Roadmap / Dong Yu   1

Conductive Reasoning: Guidelines for Reaching a Reasoned Judgment / Mark Battersby,
   Sharon Bailin   13

Conductive Argument: An Unreceived View about Reasoning and Argument / Trudy Govier   27

■ Theories and Studies

ChatGPT and Critical Thinking Education / Dong Yu   38

Are There Methods of Informal Logic / Hans V. Hansen   48

How to Obtain Good Inquiry Abilities—On Practice Path of the Critical
   Thinking's Method of Dual-Level Analysis of Question / Wu Yan   61

■ Teaching and Assessment

The Dilemma of Standardized Tests of Critical Thinking / Wu Hongzhi   74

How to Construct Critical Reading Texts to Enhance Students' Scientific
   Research Thinking Abilities / Dong Yu, Li Qiong   86

Use of Critical Thinking in the Teaching of Academic English Writing:
   With Outlining an Evaluative Report as an Example / Chen Manchun   96

Integration of Critical Thinking and English Debate Teaching—Definition
   Construction as an Example / Nie Wei, Fang Zihan   109

The Application and Effects of Interactive Teaching Strategies in Critical
   Reading for College Students / Guo Wen, Zhang Yan   120

The Effect and Reflection of Hybrid Teaching of Integrative Thinking Course in
   Shantou University / Sun Jinfeng   128

Overcoming Difficulties to Promote—Small Class Teaching of Critical Thinking at
   Huazhong University of Science and Technology / Chen Shangbin   136

■ Thinking and Practice

Critical Thinking Needs to be Driven by Writing Desire / Cao Lin   144

■ **Elementany and Secondary Education**

Inspire with Questions and Lead Thinking with
  Openness—Exploration of High School Biology Teaching Practice to
  Enhance Students' Critical Thinking / Dai Junping, Ren Xuejie, He Yaohua   151
Inquiry-based Teaching Design of High School Chemistry Guided
  by Critical Thinking's Method of Dual-Level Analysis
  of Question / Lou Fuyan, Wu Yan, Wang Haoxin   159
Exploring Critical Thinking Teaching Practice in Primary School Mathematics
  "Statistics and Probability" / Wu Yan, Chen Xiaoyan   166

■ **Editor's Note**

How to Write a Paper on Studies and Practices of Critical Thinking
  Education / Dong Yu   174

Call for Papers of Journal of Critical Thinking Education / Journal of Critical
  Thinking Education Editorial Board   179

如何探究和实证
——批判性思维路线图的理解和运用

董 毓

【摘　要】 2010年提出的探究性的批判性思维路线图，已经在我国批判性思维教育中得到广泛认知。不过，对它的依据、内涵、意义等方面，依然存在理解不清的问题，影响了它在教学中的作用。本文叙述它的理论和实践的来源，它的优点和特点，它的内涵和构成，它与学术、决策和解决复杂问题方法的关系，它代表的探究性批判性思维教育对解决钱学森问题的作用，以及它的一些发展和运用。最后，对路线图的运用给予了一个实例说明。

【关键词】 批判性思维；批判性思维路线图；鱼骨图；二元问题分析法；探究；实证

国内批判性思维教育界熟悉的"批判性思维路线图"（常被简称为"鱼骨图"），在《批判性思维原理和方法——走向新的认知和实践》中作为全书内容的纲领和框架被首次提出，并在笔者的后续著述中倚重运用。[1][2] 它代表当代对批判性思维的一个本质认识——探究和实证的思维方式和过程。因而它的更完整的名字，是"探究实证的批判性思维路线图"，或者"批判性思维的探究实证路线图"（下面简称"路线图"）。它列出批判性思维的八个主要工作或者步骤：理解主题问题（简称问题）、澄清观念意义（概念）、分析论证结构（论证）、审查理由质量（信息）、评价推理关系（推理）、挖掘隐含假设（假设）、考虑多样替代（辩证）和综合组织判断（综合）（见图1）。

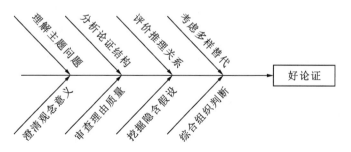

图1　探究实证的批判性思维路线图

[作者简介]　董毓，男，华中科技大学创新教育和批判性思维研究中心，主要从事批判性思维、非形式逻辑和科学方法研究。

路线图虽然已被广泛知晓,然而很多人对它的本质和运用依然存在疑惑和困难。本文试图较为系统地论述它的依据、内涵、意义和运用,以期有助于批判性思维的教学和实践。

一、理论和实践渊源

我们已论述过路线图的理论渊源和实践依据。[3] 当代批判性思维主要理论家如恩尼斯(Robert Ennis)、希契科克(David Hitchcock)都提出过关于批判性思维过程的构成模式或者思维图(think map)。最早的是希契科克七要素的批判性思维过程图(1983),然后是恩尼斯的六要素模式(1996)。和路线图渊源最直接的是简尼赛克/希契科克的问题解决模式的思维图(2005)。主要原因之一在于它明确以问题确定和分析(problem identification and analysis)为起点,这是其他模式缺乏的。[4][5] 在 2017 年后的叙述中,它更被希契科克细分为 12 个环节——从注意疑难、定义问题、分解问题为子问题到最后接受证据支持的结论。[6]

希契科克也指出过,过程图更应被看成是"要目表",而非固定序列,批判性思维的过程可以从这份要目表的一点跨到另一点,然后又回来。[7] 路线图也是这样。比如可以回头重新确定问题,比如澄清概念的工作,一开始理解问题和论证时需要它,后面的评估也需要考察它。

另外,我们也陈述,路线图基于批判性思维的实践。它基本上一一对应于美国 GRE 考试的官方文件中提出的那些提示批判性思维的问题:议题(问题)、概念、证据、推理、假设、反驳和对反驳的考察,所以它反映了美国学术界对批判性思维的共识和实践运用。[8]

有必要提一下,路线图和保罗(Richard Paul)的观念有交集。他提出的培养批判性思维者的进程是:以准确性、精确性、相关性等理智标准来评估思维的八大要素,从而培养具备谦虚、坚持、自主、公正等理智气质的批判性思维者。[9] 八大思维要素中的观点、目的、意义和问题,被包含在路线图的问题和论证的环节中,信息、推理、概念、假设要素也被路线图列出。路线图有另外的辩证和综合环节,这反映路线图是以过程和工作类别来归类的。那些理智标准是认知的标准,自然也是路线图的工作依据的标准,比如澄清概念要求清晰性和精确性,信息要求准确性,推理要求相关性和逻辑性,而深度、广度的要求突出体现在假设和辩证中。公正性的要求是贯穿始终的原则,更是辩证性的依据。最后综合中要考虑重要性的标准。

二、优点和特点

叙述了它的理论渊源和实践对应,相应的问题是,为什么要有这样的一个新的路线图?

简单地说,过程图、思维图是批判性思维理论发展的阶段性产物,进一步发展会促使它们改进。比如,以当代的批判性思维观点看,早期希契科克和恩尼斯的思维图,未能完整反映他们后来也强调的批判性思维的辩证性。希契科克七要素模式思维图在"Other"的步骤中提出要"考虑其他相关证据和论证",恩尼斯六要素模式思维图在"Overview"

的步骤中要"重新审视自己的探究、决定、知识及推论"。虽然这些是辩证性的内容，但不完整和不清晰，不能反映从20世纪90年代后期到现在的非形式逻辑（对话、辩论）、科学方法（科学竞争、替代解释）和批判性思维等领域的研究成果。比如恩尼斯后来主张，不断寻找替代是批判性思维的代表性特征，[10] 他的思维图没有反映这一点。

如上所述，2005年的简尼赛克/希契科克问题解决模式思维图在这方面要好不少，它不但以"问题确定与分析"始，以"综合判断"止，在"考虑其他相关信息"的步骤上，具体指出要包含"可能的例外情景，条件因素，假设性结论的含义，其他替代的立场及其理由，对结果的替代解释，可能的反驳和批评，等等"。因此，它是路线图的问题、辩证和综合等步骤的思想渊源。不过，在路线图上，这些是批判性思维整体的特征，而不仅是解决问题模式的要素。当代的批判性思维观是探究性和构造性的，那么批判性思维当然始于问题，而不是"对要分析的文章段落形成一个总体观点"（希契科克1983年思维图的第一项），而且辩证和综合都是批判性思维的必需构成。2017年，希契科克在撰写"批判性思维"词条时也肯定，批判性思维是广义的问题解决，是探究。[11]

路线图的另一个突出特点是挖掘隐含假设。它早已是批判性思维的重要技能，希契科克的隐含前提研究是他对批判性思维理论的一大贡献，但他依然将此置于论证和推理分析的环节中。路线图将此单列，既出于它对深入、严密甚至创新思考的作用，也在于中国学生一直对此特别缺乏意识和训练。

路线图在具体内容中还对问题分析、因果论证、科学推理等有新扩展。

所以，路线图更反映当代批判性思维研究，反映认知和实践的情况。它弥补了批判性思维教学中对问题分析、隐含假设一贯的缺失，它更符合杜威原意和现代科学方法、批判性思维和非形式逻辑等领域的进展，比如图尔敏模型，非形式逻辑论辩理论对"辩证层"的要求等。

必须清楚批判性思维和哲学认识论的内在关系。批判性思维的首要目的是求真认知，[12] 这正是认识论（知识论）的宗旨。把批判性思维看作是"应用认识论"[13]，是对认识论规范/标准的符合[14]，是融会贯通地理解批判性思维的一个纲。由此，路线图把传统（形式）逻辑的原则和工具放在应当之处，并突出了认识中这种逻辑之外的那些提问、经验实践、具体语境、科学和实践的推理、隐含假设、正反辩证和替代思考等重大工作——展现了一个实质、多样、创造、开放和发展的批判性思维。[15]

如上所述，路线图以过程的方式涵盖了各要素，这样一是展现了认知的逻辑——虽然实际不是单向的，但探究是从问题开始，论证分析是评估的基础等逻辑关系还是合理的；二是得以列出论证分析、辩证和综合等必需环节，这样不仅更全面，也反映探究的动态性、连贯性和开放性，更有助于对论证的实际指导。

三、内涵和构成

到这里，对路线图的作用和意义已经有一个轮廓：它实现批判性思维的探究和实证。

有必要对这两个概念做一点说明。探究（英文是inquiry），首先有询问信息、调查等意，也通常和提问（question）、探索（exploration）、调查（investigation）、研究（research）

等词的含义/用法相近。按白琳（Shanron Bailin）和巴特斯比（Mark Battersby）的解说，探究是聚焦于一个问题的仔细考察——对争论双方的理由/信息/论证等进行调查和批判性的评估，最终形成一个有充分理由支持的判断。[16] 可见，在批判性思维中，它是针对具体的问题的调查（调查本身不一定针对具体的问题），而这个调查更是对多方面的、未知的事实的探索，是追求对事实（根源/机制）的理解，并对不同观点的理由和论证进行评估。简言之，探究是表达"提问—探索—研究"的能动、发展的全过程，根据问题去探索和研究多方、未知的信息，是其本质要求。

"实证"的含义，也是复合的。它和探究紧密相扣——论证，无论正、反，最终都需以事实证据为依据（evidence-based argument）——需要联系现实。只是理论推理、逻辑演绎，不能算实证。

另外，既然是论证，自然要符合好论证的标准，即论证的各方面要符合认知的理智标准——如上述的清晰性、准确性等。这正是路线图上对问题、论证、概念、信息、推理、假设和辩证各方面进行评估、权衡的工作。

现在应该很清晰了：概括地说，路线图展示的，就是为了达到认知的真和判断的合理性而进行的探究实证过程。它从提出和分析问题开始，依据问题，探索各方证据、信息和论证，搜寻或构造替代观念和论证，通过对它们的分析、评估和比较，最后得出受到"好论证"支持的综合判断。

注意，从表面看，路线图上列出的是任务和技能，但探究实证是批判性思维的开放理性精神的实现，这表明在它的每一步骤上，都依据一定的习性。比如问题的分析和确定，依据的是好奇心、主动性、提出问题和分析问题的意识；澄清观念反映的是清晰、具体和细致的习性；推理的是谨慎、讲究基本逻辑规律、有条理和注重实践的习性；隐含假设和辩证综合反映的是追求全面、多样和综合的习性。路线图的每一项工作，都应该是习性和技能的结合。

因此，路线图不只包含技能维度。比如在阐述问题这一项时，我们会提到它的意义、目的、习性和技能四个方面（表1是对各步骤的习性和技能的关键词提示）。

- 意义：认知的逻辑起点和启动；明辨和判断的立足点；问题求解的前提和指导。
- 目的：能提出问题；能分析问题；能理解问题内涵及探究方向、范围。
- 习性：好奇心、探究性、专注；自主思考和合理质疑意识；严密、分析、开放品质。
- 技能：语言、论证、理解和分析能力；二元问题分析法；具体学科和实践知识。

表1　批判性思维路线图的习性和技能简表

任务	态度/习性	技能
① 理解主题问题	主动探究、好问、好学	提问，质疑，分析问题，发散思考
② 澄清观念意义	爱好清晰、具体的表达	消除语言谬误，定义，询问和阐明意义
③ 分析论证结构	相信理性、求理、讲理	辨别论证（隐含）要素，表述论证结构

续表

任务	态度/习性	技能
④ 审查理由质量	认真求真、求实践证据	搜索信息，考察信息来源和信息质量
⑤ 评价推理关系	注重谨慎、仔细、合理	演绎和归纳，科学和其他日常的推理
⑥ 挖掘隐含假设	坚持深入、透彻的考察	辨别和评估隐含假设、前提、预设等
⑦ 考虑多样替代	追求多样、辩证、创造	寻找和构造对立、替代的观念、解释等
⑧ 综合组织判断	力求全面、开放和发展	正反论证和综合，全面考察，平衡判断

四、学术、决策和解决问题的方法的主轴

正如批判性思维是认知和决策的理性思维方法，自然，作为它的工作的承担者，路线图也应该反映在科学和其他学术研究、决策和各种复杂问题解决的方法和过程中。

我们多次阐述这个显而易见的事实：[17] 路线图展现的从"问题分析"到"综合论证"的过程/任务，正是学术研究、决策和解决复杂问题三大活动都要进行的过程/任务。

包括科学研究的学术活动，是从形成和确立好的研究性问题开始的。对研究性问题的分析，指导了对它的探究和论证活动。按波普尔的科学观，科学和理性的本质就是批判性思维，[18] 他的一个著名论断是，科学从问题开始，而不是从观察开始。学者黄宗智概括的学术原则和方法的要点，首先也是"研究问题的来龙去脉，立足在历史和情境中看待问题"，然后是搜寻与问题相关的现有信息、知识和对立观念，对它们进行分析和评估，在不同观念的交流、辩论和综合中发展出自己的观念和建树。[19] 容易看出，图2展示的学术研究的一般进程，其实就是路线图的一个具体表达。

图2 学术研究的一般进程

决策活动的起点也是问题——更多是现实的行动问题。它也需要分析问题，从而得到对进一步的探究的指导思路。接下来也是调查和收集信息，构造多种替代的行动方案，对它们进行评估，最后选择经过良好论证的方案（路线图上推理环节中的"实践推理"的模式）予以实施。不需赘述，图3展示的行动决策的一般进程，其实就是路线图的一个具体表达。

图3 行动决策的一般进程

综上所述，学术的和决策的活动，其实就是解决两大类主要问题的活动。它们有时候结合，形成更复杂的问题。这个复杂问题可能起于一个现实的疑难现象，需要先认知其原因，然后再采取行动解决，即解决它需要结合科学认知和决策行动。那么，它将首先是图2的进程在科学研究中的具体展现：分析这个现象/问题，了解它的来龙去脉、构成、关系等等，获得探究的思路；然后探究和分析各种和各方的信息和观点，对其提出可能的因果解释（即假说）；随后，对这些解释进行评估（包括检验），根据最佳解释的标准，得到最可信的解释（这些是路线图上推理环节中的"科学推理"方法），从而获得认识。接下来，就是图3的决策进程：根据认识，提出可能的解决方案，然后评估和选择最佳方案。如图4所示，这样解决复杂问题的进程，就是路线图的主要环节和具体方法的多重运用。

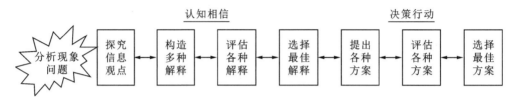

图4 解决复杂问题的一般进程

五、对教育的意义：有助于解决钱学森问题

既然路线图代表科学和学术研究的规律，自然，进行这样的批判性思维教育，就是按照科技创造发明的规律来培养人才——而"钱学森问题"凸显的，就是未能这样做。

学生普遍缺乏发展科学的能力这一点，反映为普遍存在的"三无"：无问题、无想法、无论证。而科技创造的规律，正是起始于问题、发扬于思想、落实于实证——这些皆不能，如何成为科技人才？路线图上的探究实证批判性思维，以其探索、构造、实践和辩证的内涵，活生生地对着"三无"下药。它要求分析和确定问题，全面探索信息，寻找或构造替代，立足于实践来分析和评估对立观念和论证，以得到合理论证的认知。所以，解决钱学森问题，就必须用这样的批判性思维来培养人。

在大学中，这样的批判性思维教育要尽力结合、帮助学生要进行的学科阅读、写作和研究活动。所以，有效的大学批判性思维课程，首先应以路线图指导进行批判性阅读和写作的训练。批判性阅读的分析理解和评估判断（发展）两大阶段，典型地实现路线图的全程：问题确认—论证分析—论证评估—综合判断。完成了这样的批判性阅读，分析性写作的内容都有了，只是需要组织文章和文字而已。

批判性阅读和分析性写作是理解和评估他人论证，而论证性写作则是它的"翻转"，以路线图来指导自己做探究和实证的研究，最后用正反正的模式写出对结论的辩证论证。

课程还应包括以路线图指导研究性学习（research-based learning，或探究式学习 inquiry-based learning，问题解决式学习 problem-based learning，项目式学习 project-based learning），即通过研究现象/问题的活动来学习获取知识的方法或者解决问题的能力。

因此，大学的批判性思维课程，不但应该也完全可以将路线图贯彻到学习的每一环节中。从预习、课堂讨论、练习到最后考核，都要以路线图来指导学习阅读分析，写探究报告和正反正的论证文，培养学生能在学科学习和研究中开始运用它——运用批判性思维，力图成为杰出人才。

六、路线图在批判性思维研究、教学和应用中的发展

路线图自身，一直也在批判性思维研究、教学和应用中经历发展。

它的一个重要修订，是对开始的问题步骤的解说，经历了从"质疑"向"探究"的变化。[20]虽然常用探究来解说批判性思维的过程，在界定它的问题起点时，和流行的用法一样，笔者早年曾多用"质疑"。经过不断的研究发现，杜威的反思性思维的起点，应该用既包含提问也包含调查研究的探究来表述——仔细调查后才能判断，是其定义的硬核，其他则是其逻辑后件，比如之所以谨慎、悬置判断，正在于缺乏探究。现实的用法也显示，质疑这个词，对很多人，并没有询问、调查的意思，而是被当成否定的断言来用，和杜威的主动、持续、仔细、全面思考等定义性特征并无联系。因此，如果也使用探究一词来解说批判性思维的提问起点，就可以更好地反对以"质疑"为名的简单否定行为。

综上所述，批判性思维发展到今天，已从对现有观念的评估进化为构造、动态、辩证、发展的活动。[21]自然，包含着提问和探索多方面的新信息要求的探究，比质疑更符合这样的批判性思维本质。今天的探究性的批判性思维观念，不但更合理，也可以看作是对杜威的原意的回归。

现在，在解说路线图时，会全面突出探究性质。如果"审查理由质量"的标题有原来的评估性批判性思维的色彩，那么现在会强调额外的信息探索工作。在运用中也贯彻探究的必要性。比如在批判性阅读和分析性写作中，要求要进行文本外的问题分析和调查才能评估他人论证。

路线图的另一个重要发展，是2017年提出了"二元问题分析法"来充实问题分析的步骤。[22]它其实是两层次的问题分析的结合（Dual Level Analysis of Question，DLAQ）：一是分析问题的对象，比如在"为何有雾霾"问题中，针对对象"雾霾"的构成、属性、关系、原因、条件、作用、变化等方面进行分解。这些是典型的科学研究问题。二是分析关于这个问题的已有认识，比如分析这个问题的含义、背景、假设、争论、信息、演化等方面。这些是典型的对认识的批判性思维反思性问题。虽然对象问题是基础，但它和上一层的反思性问题互相补充、影响，共同推动对问题的全面认识。

二元问题分析法填补了问题分析方法的长期空白（虽然上述其他研究者的过程模式中有的提到问题分析，但缺乏具体的内容），它是一项重要的集成性创造，有助于培养思维的发散性和严密性。

由于上述原因，路线图成为许多批判性思维教学和运用的抓手。这方面的研究论述和教学经验的总结有关于整体的方法运用的，[23]也有对其关键的方法——比如二元问题分析法——进行理论和教学探索的。[24][25]

遵循路线图来对言论、时事、现象进行探究、分析、评估、最后判断其真伪或原因，是培养明辨力，也是培养研究性学习。这样探究—分析—评估—判断的案例研究也可被用作批判性思维课程的教案。[26] 对路线图的运用还扩展到指导大学生的创业的活动。[27]

路线图也成为发展新的批判性思维测试的指南。研究认为，现有的大多数批判性思维测试未能涉及关键的批判性思维技能，如路线图上的问题分析、辩证、替代、综合等活动。以路线图为依据的新的测试思想和工具已被初步提出。[28][29]

七、案例：如何依据路线图来探究实证

现在我们简述一个案例研究。这个案例是关于对国足在2022年春节负于越南队的事件的解释，详细研究已发表，[30] 这里仅展现其研究的脉络和方法，以展示用路线图进行探究实证，进行对一个事件的不同解释的对比和综合判断。

这个事件对很多人是一个意外，国足从未输过越南队，所以需要寻找对其原因的解释。很快，一些专家提出，这是因为中国的足球人口不多，而且比越南还要少。是否接受这个"足球人口决定论"，就是一个批判性思维的判断任务。案例研究从确定和分析问题开始，通过搜寻信息……一步步走过路线图上的八个步骤，并和它的对立解释——"中国队输是当时场上的作风、状态、战术等原因"在评估的六大方面进行优劣对比，最后得出结论，它的对立解释有实证的支持。

图5展示在路线图的每一步骤上所进行的分析、评估的工作。

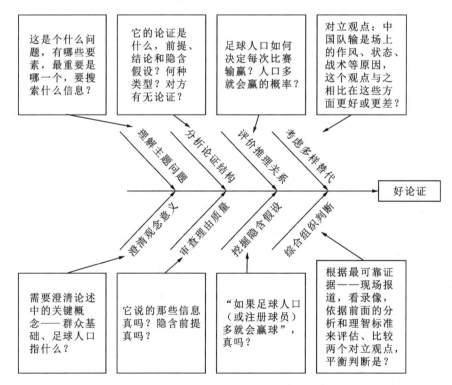

图5 运用路线图对"足球人口决定论"进行探究实证

下面是在各步骤上所进行的分析、评估的概要。

问题。首先是问题的确定和分析：这是影响一个比赛成绩的因素问题，而不是一个国家足球实力的问题。构成和影响足球比赛的要素（子问题）应该包括球员、团队、教练、裁判、作风、技能、战术、规则、场地等环境和人的因素等等。问题分析也提示要对关键概念进行分析（比如"群众基础""足球人口"——到底指什么，在比赛的构成因素中起什么作用，其和赢球的关系是什么等），而且要寻找和表述对事件的对立、替代解释。

问题分析也就指导了对于问题有关的一切正反信息的搜索。其中包括找到国际足联2005年最后一次列出的各国足球的足球人口、注册数等统计数据；伴随这样的权威数据，综合当时的各国足球排名和比赛成绩等信息，为后续的分析和评估铺平道路。

论证。对足球人口决定论的论证分析发现，它有这样的隐含前提：足球人口多的国家应（更能）战胜足球人口少的国家。这是关于群众基础/足球人口制约比赛输赢的"因果规律"。论证的另一个前提是越南足球人口更多，这样才导致越南更应赢球是结论。对该论证的支持证据显然是那些欧洲和南美足球强国的群众参与程度现象。但论证真的成立吗？

概念。澄清一些关键概念。群众基础、足球人口、注册球员、职业球员各自概念都不等同。足球人口远多于注册的，更远多于职业的（各国均只有几千到一万名职业球员）。职业球员、注册球员比较容易确定，但不能代表群众基础；虽然足球人口更说明问题，却更难确定，比较而言，国际足联的数字虽然不是近期的，但对说明规律还是最权威的基础。

前提。数据说明，隐含前提依赖的因果关系不真。国际足联的统计显示，足球人口多的国家输给足球人口少的国家，根本不是个别现象，完全没有概率的规律性。探究也发现，专家口中的中越足球人口/注册球员的数字，是自相矛盾的、过时的、没有出处的。至少可以说，没有任何根据说现在中国的足球人口少于越南。专家的论证的两个前提都不成立。

推理。对事实分析发现，没有好的训练、教练等，喜欢踢球的人多并不自然产出好球员。此外，很多足球成绩好的国家队的队员不都是本土产生的（归化球员）。足球人口决定每次比赛输赢的机制不成立。

假设。上面已揭示，"如果足球人口（或注册球员）多就会赢球"背后的足球人口决定论的因果规律不成立。足球人口和一场球的输赢没有明确的关系。

辩证。到此已可判断，"足球人口决定论"存在问题焦点错位、概念含混、证据不准确或缺乏、因果假设和因果推理不成立、论证片面和无视普遍的反例等诸多问题。

考察它的对立观点和替代解释——当时场上的作风、状态、战术等原因导致中国队输，很快看到它得到了直接观察、多方现场报道、比赛录像和技术数据、当事人访谈、因果分析和历史考察的实证支持。它在问题、概念、证据、推理、假设和辩证这六项评估上均占优势，它在简单性、检验和证实、解释力和预测力等指标上全面超过足球人口决定论。

综合。依据上面的探究实证，比较两个对立观点，最后的综合判断是什么已很清楚。这是一个有充分依据的合理判断和结论，是遵循批判性思维的探究实证路线得到的。

该案例显示，路线图是认知、明辨和求解的理性方法，是独立思考的途径。而且，它也是批判性阅读、研究性学习、分析写作和论证性写作的正确途径和方法。教师和学生都应熟练掌握它。

八、小结

探究实证的批判性思维路线图正确指引了批判性思维教育的主航道，它尤其对帮助解决钱学森问题、培养杰出人才有必要性和有效性。目前在各级教育中运用路线图的批判性思维教学正在发展，人们也意识到，该教育并非轻而易举，需要不断在内容和方法上进行探索、改进和发展。[31] 希望本文对路线图的内容、意义、作用和教学的阐述，有助于批判性思维教育的普及和提高。

参考文献

[1][8] 董毓. 批判性思维原理和方法——走向新的认知和实践[M]. 2版. 北京：高等教育出版社，2017.

[2] 董毓. 批判性思维十讲——从探究实证到开放创造[M]. 上海：上海教育出版社，2019.

[3] 董毓.《批判性思维十讲》答疑篇2：鱼骨图[EB/OL]. https：//mp. weixin. qq. com/s/SD2dcuPila3bZ0XFxMUEFg.

[4][7] 戴维·希契柯克，张亦凡，周文慧. 批判性思维教育理念[J]. 高等教育研究，2012，33（11）：54-63.

[5] Hitchcock D. Critical thinking as an educational ideal [J]. On Reasoning and Argument Essays in Informal Logic and on Critical Thinking，Springer，2017：477-495.

[6][11] Hitchcock D. Critical Thinking [EB/OL] //Edward N. Zalta & Uri Nodelman（eds.），The Stanford Encyclopedia of Philosophy（Winter 2022 Edition）. https：//plato. stanford. edu/entries/critical-thinking/.

[9] Paulr，Elder L. The miniature guide to critical thinking concepts and tools [M]. California：Foundation for Critical Thinking，2008.

[10] Ennis R. Critical Thinking：a streamlined conception [M] // Martin Davies and Ronald Barnett（eds.）. The Palgrave Handbook of Critical Thinking in Higher Education. Palgrave MacMillan，2015.

[12] 彼特·范西昂，柳文旭. 关于批判性思维的十大问题[J]. 批判性思维教育研究，2021（1）：33-36.

[13] 马克·巴特斯比. 把批判性思维看作应用认识论：哲学视野中批判性思维的重新定位[J]. 批判性思维教育研究，2021（1）：23-32.

[14][21] 董毓. 为什么要扩展批判性思维教育内容——关于批判性思维素质教育的理论和实践根据[J]. 工业和信息化教育，2015（7）：42-48.

[15] 董毓. 再谈逻辑和批判性思维的关系 [J]. 高等教育研究, 2019, 40 (3): 14-21.

[16] 莎伦·白琳, 马克·巴特斯比. 权衡: 批判性思维之探究途径 [M]. 仲海霞, 译. 北京: 中国人民大学出版社, 2014.

[17] [19] [20] 董毓. 批判性思维的探究本质和对创新的作用 [J]. 工业和信息化教育, 2017 (5): 27-36.

[18] Thorntons. Karl Popper [EB/OL] //Edward N. Zalta & Uri Nodelman (eds.), The Stanford Encyclopedia of Philosophy (Winter 2022 Edition). https: //plato.stanford.edu/entries/popper/.

[22] 董毓. 批判性思维二元问题分析法初论 [J]. 工业和信息化教育, 2018 (5): 22-33.

[23] 黄建. 以"批判性思维路线图"为指导的小学数学作业设计探索 [J]. 批判性思维教育研究, 2022 (2): 160-168.

[24] 吴妍. 批判性思维指导下的探究教育: 实施框架与实例分析 [J]. 批判性思维教育研究, 2021 (1): 84-98.

[25] 吴妍. 远离误区: 如何理解批判性思维二元问题分析法 [J]. 批判性思维教育研究, 2022 (2): 89-98.

[26] 吴妍, 董毓. 冷核聚变电池: 科学思想还是"民科"幻想——依据批判性思维路线图进行的判断 [J]. 批判性思维与创新教育通讯, 2023 (1): 27-34.

[27] 李周男, 张芳, 丁建国, 等. 用批判性思维指导商业计划书建构 [J]. 批判性思维教育研究, 2022 (2): 122-131.

[28] 董毓, 吴妍. 基础教育批判性思维技能测试: 目标、原则和途径 [J]. 中国教育科学 (中英文), 2021, 4 (6): 74-83.

[29] 董毓. 批判性思维技能测试: 原则、现状和发展 [J]. 批判性思维教育研究, 2021 (1): 99-112.

[30] 董毓. 如何以探究实证方法来独立思考——以中国男足输给越南的流行解释为例 [J]. 批判性思维与创新教育通讯, 2022 (3): 21-31.

[31] 李慧华, 高雅丽, 李周男. 如何进行培育创造素养的批判性思维教学——使用《批判性思维十讲——从探究实证到开放创造》的思考 [J]. 批判性思维教育研究, 2021 (1): 113-121.

Inquiry and Evidence-based Argumentation —Understanding and Application of Critical Thinking Roadmap

Dong Yu

Abstract: The inquiry and evidence-based critical thinking roadmap proposed in 2010 has been widely recognized in China's critical thinking education. However, there are still issues with unclear understanding of its basis, connotation, significance, and other aspects, which have affected its role in teaching. This paper describes the source of its theory and practice, its advantages and characteristics, its connotation and composition, its relationship with academia, decision-making and methods to solve complex problems, the role of inquiry critical thinking education in solving Qian Xuesen's problems, and some of its development and application. Finally, an example was provided to illustrate the application of the roadmap.

Keywords: critical thinking; critical thinking roadmap; thinking map; dual level analysis of question; inquiry; evidence-based argument

联导推理：做出合理判断的准则

马克·巴特斯比、莎伦·白琳（著）　　黄淳、吴妍（译）　　张涵淋、梁阳阳（校）

【摘　要】　联导论证广泛存在于哲学、科学、法律等几乎所有领域，是对与问题有关的各种有争议的立场和论证进行比较性评估，做出合理判断。但是，联导论证的目的不是做出具有结论性（conclusive）的论证，而是依据相关标准，基于充分理由做出缜密的合理判断。联导论证的难点也在于此，其关键是权衡各方意见，以这样一个动态过程促进持续探究。本文从联导论证的辩证性和背景性入手，提供指导联导论证的具体原则，并基于这些原则，给出识别坏的联导论证的准则。

【关键词】　联导论证；权衡；合理判断；正反论证

一、导言

当人们开始全面考查联导论证（conductive argument）的学术成果时，出现了两个令人惊讶的事实：其一，关于联导论证的著述数量极少；其二，所写的大部分内容都专注于确立它们的存在。有人会认为，即使是对生活中所有领域的论证进行粗略的观察，也会让人注意到这种论证的存在和它们的普遍性。基于正反两方面的考虑做出判断是众多领域中的一个普遍现象，正如特鲁迪·戈维尔（Trudy Govier）所说："根据我的经验，它们（联导论证）自然而然地发生在法律、哲学、解释学中，事实上，它们发生在所有领域，包括科学，它们都有支持方和反对方的理由，换句话说，我们必须考虑"正反"两方面，以便对一个问题做出判断。"[1]

联导推理（conductive reasoning）的普遍性和重要性尚未得到充分的认识，这可能是

[作者简介]　马克·巴特斯比（Mark Battersby），男，加拿大卡毕兰诺大学哲学系，主要从事批判性思维，论证理论，非形式逻辑研究；莎伦·白琳（Sharon Bailin），女，加拿大西蒙菲沙大学教育学系，主要从事非形式逻辑、批判性思维和创造性思维研究。

[译校者简介]　黄淳，女，北京外国语大学英语学院，主要从事英语语言学及应用语言学研究；吴妍，女，四川外国语大学创新与批判性思维教育研究中心，主要从事批判性思维教育研究；张涵淋，女，课堂内外杂志社，主要从事批判性思维教育研究；梁阳阳，女，西安市莲湖第二学校，主要从事基础教育领域的批判性思维教育研究。

[基金项目]　四川外国语大学教改项目"外语教育'课程思政'中的审辩性思维教学法应用研究"（项目编号：JY2146239）。

其"混乱"的一种结果。联导论证不符合传统的论证模式。其前提既不包含结论,也不以明确的方式支持结论,因为一些"前提"(或如一些人所称的反前提(anti-premises))实际上引证了不利于结论的理由。的确如拉尔夫·约翰逊(Ralph Johnson)指出的那样,联导论证不那么容易被演绎形式逻辑或实证主义认定为论证。[2]

鉴于其不具备传统论证模式的规范,如何评估联导论证成为核心问题。正如卡尔·韦尔曼(Carl Wellman)所指,因为它们是非结论性论证,人们无法明确其形式有效性的标准。既然联导论证包含关于正反两方面的理由,那么问题就在于如何权衡(weigh)所考虑到的各种不同因素以及反对因素,特别是,这种权衡将取决于题材(subject matter)。[3][4] 基于这些原因,一些学者得出结论,"很难给出任何关于评价联导论证的通用性的指导意见"。[5] 韦尔曼认为,事实上,尽管提及联导论证的有效性是有意义的,但确定是否有这种有效性的唯一方法是通过思考论证并感受其逻辑力量。[6]

我们相信,在进行联导推理时,可以提供一些通用的指导原则,这些指导原则会生成一套用于识别并不充分的联导推理的标准。在本文的其余部分,我们将阐明这些指导原则和标准。

二、何为联导推理

在继续这项任务之前,有必要澄清我们如何使用各种术语,并划定这一研究项目的重点和范围。我们不重点关注联导论证的某个结构或评估方面,而是关注联导论证的核心本质。我们所说的联导论证特指的是对各种有争议的立场和论证进行比较性评估的过程,以达到对一个问题做出合理判断的目的。我们采用联导论证这一术语,并将重点关注以下几点。

首先是清晰性。一般所说的联导论证本身很可能是由相互竞争的论证构成的,这些论证可能提供支持某一特定主张的理由,对所提出的论证的反对和批评,或对反对意见的回应。对于一则联导论证,我们将涉及的所有论证的集合称为案例,而将单一论证简单称为论证。因此,一则联导论证的案例是由一系列论证组成的,这些论证的结论是为了支持对某一争议问题的特定判断。让我们用一个例子来说明(摘自《探究》教材①)。这篇对话主要讲述了两个人对支持和反对死刑的各种论证的广泛评价。

> Phil:你看,Sophia,我们已经看到了很多关于死刑的争论和信息,但我认为结论越来越明显了。这些争论都清楚地表明反对死刑。
>
> Sophia:是什么让你得出这个结论的?
>
> Phil:很明显,几乎没有证据支持死刑有震慑作用的观点。
>
> Sophia:同意。
>
> Phil:去行为能力论(incapacity argument)其实是"过犹不及"了(抱歉这么讲),因为同样的结果可以通过不那么极端的手段来实现。
>
> Sophia:我也赞同。

---

① 译者注:教材中文译本为《权衡:批判性思维之探究途径》,中国人民大学出版社2014年版。

Phil：对成本的担忧实际上支持了反方观点，因为事实证明死刑比无期徒刑要贵得多。

Sophia：确实也对。

Phil：我认为，就对正义的渴望而言，报应论有其合理性。但报应可以用无期徒刑来实现。你也说服了我，保留死刑意味着我们冒着更大的不公正的风险，即有可能处死一个无辜的人。

Sophia：我赞成。

Phil：还有一个事实就是死刑是不公正的。

Sophia：确实。

Phil：然后我们剩下的全是关于道德的问题，即国家杀害一些公民，特别是一些无辜的公民。这是反对死刑的有力论证。

Sophia：尤其是在还有别的选择的情况下。

Phil：考虑到世界范围内废除死刑的趋势，并得到类似联合国等重要组织的支持，支持死刑的论证必须非常有力，才能与之抗衡。

Sophia：但它们并没有。

Phil：所以，总而言之，我同意废除主义者的观点，我们不应该判处死刑。[7]

这段对话可以被视为通常意义上的联导论证的典范，它提供了一些支持结论的相互独立的理由，并考虑了反对意见和对立观点。然而，如上所述，这个案例在呈现之前，还进行了大量的推理，其形式是对单一论证的评估和对各种考虑因素的比较权衡，从而实现了联导论证。我们来总结一下联导论证，其案例通常以这种形式呈现：使用初始断言（primary claims）来支持一项结论，并且没有明确表述出对这些断言的论证。但好的联导论证涉及一个更深入的探究过程，其初始断言的可信度，基于对这些断言的论证的评估，而这个过程中，需要确切地对相互竞争的观点做出权衡和平衡性的考虑。索菲亚（Sophia）和非尔（Phil）在这次对话之前，就参与了这样的过程。正是这样一个比较性评估和权衡的全过程才是我们最感兴趣的焦点，而不仅仅是得出"论证"。

通常意义上，联导论证在主题和复杂性上可能有很大的不同。前面关于死刑的论证和"我累了，但我还是应该去商店，因为我们需要面包"的论证都具备联导论证的结构。不过，我们关注的是前者。我们感兴趣的是在复杂和有争议的情况下发生的正反两方面的推理，我们所做的比较评估是在实际的分歧和辩论中产生的。

之所以关注联导论证，还有一个原因，是我们主张将论证视为辩证。根据布莱尔和约翰逊的说法，"说论证是辩证的……就是把它确定为一种人类实践，是两个或两个以上个体之间的交流，在这种交流中，相互作用的过程产生了结果"[8]。我们的主要关注点为，是什么使这一过程成功，从而得出一个适当的结论，即一个可信的理性判断。

三、联导推理的特点

我们提供的指导原则和标准来自联导推理的特性。

一个重要特征是，联导推理的恰当目标不是做出结论性的论证，而是做出缜密的合理判断（reasoned judgement）。所谓缜密的合理判断，不是简单的有理由的判断，而是有充分理由的判断，即符合相关标准的理由。一个联导性的推理，充其量只能提供一个好的，但不是决定性的理由，来支持一个优于其竞争观点的结论。因此，要做出缜密的合理判断，就需要对针对问题的不同方面提出的理由进行审查和权衡，并权衡各种考虑因素。

然而，这时对论证的审视还不详尽。还存在这样的可能性，还有其他的理由和论证将被提出，它们将影响推理的结果。因此，对联导论证过程的结果的判断总是暂时的，并且可以进一步检查。此外，由于这种推理方式是在具有不确定性的复杂背景下进行的，在这种背景下，可能有不止一个判断是合乎情理的。基于这些原因，联导论证需要在持续的批判探究的背景下进行。

联导论证发生在许多领域。它常见于实践推理（practical reasoning）[9]、社会理论和历史[10]，但也可以发生在几乎任何领域，包括艺术阐释与批评、科学探究。此外，对许多有争议的问题的推理将涉及一系列的考虑因素（例如，事实的、伦理的、实践的）。因此，在联导论证中，常常需要考虑各种不同类型的因素，而特定研究领域的标准往往会发挥重要作用。

联导论证（我们感兴趣的那种）的另一个重要特征是，它发生在辩证的背景下，是在一个历史的持续的辩论和批判的过程中，在对立的观点和相互之间的取舍下发生的。对有关问题的各个方面都提出了理由和论证，对许多论证提出了反对意见，对一些反对意见做出了回应，并提出了其他看法。这一系列的理由、论证、反对意见和回应构成了约翰逊所说的辩证环境。[11] 了解一个问题周围的辩证环境是进行理性判断的核心。[12] 此外，了解辩论的历史有助于确定哪些论证是突出的，哪些应予以考虑，哪些论证被认为是有力的，哪些论证被认为是失败的及其原因。

除了这种辩证的背景之外，我们还发现了一些我们认为与联导论证相关的几个背景因素，它们在确定理由的重要性和权重方面起着重要作用。其一是实践状态，它指的是目前处理的问题的现状（例如，目前讨论的管辖区是否有死刑，如果没有，它是什么时候被否决的，为什么）。了解当前的实践和观点的力度，可以帮助我们理解有哪些替代的观点面临挑战，这些观点是否（以及在多大程度上）需要承担举证责任。关于学术、社会、政治和历史背景的知识有助于理解各种立场背后的假设以及人们为什么会持有这些假设。大卫·希契科克（David Hitchcock）认为，学生在联导论证方面的问题一部分是由于"缺乏背景知识，无法产生足够全面和详细的对立面考虑"[13]，这恰恰指出这种背景知识的核心地位。

联导论证的辩证性意味着这个过程是动态的。针对批评和反对意见，特定的论证经常会被修改或重构，而这些修改又可能导致对反对意见的重新界定，如此反复。例如，正如弗兰克·森克（Frank Zenker）所指出的，"通常情况下，某些前提仅仅是为了回应对手的反对意见，有时甚至成功地整合了对手的反对意见"[14]。本着这种精神，哈拉尔·沃尔拉普（Harald Wohlrapp）反对（非演绎）论证的观点，即一系列孤立的推理步骤，并主张"论证的前提和结论形成一个相互支持的'逆向'系统"[15]。这种动态性的一个含义是，权衡论证不能仅仅是把相互竞争的论证作为一个比喻（on a metaphorical balance scale），因为论证在推理的过程中经常会发生变化。联导论证需要注意对论证的修正、重构和综合。

因为联导论证涉及对一个问题的各个方面的理由进行比较权衡，而且往往会有好的理由支持不同的判断，被接受的案例与其他案例相比的强度也会变化。因此，由联导论证的特定实例所保证的判断强度也会有所不同。联导论证的这一特点表明，需要将判断的可信度与理由的强度相匹配。

四、联导论证的指导原则

在下面的内容中，我们提供联导论证的指导原则，并使用这些原则来识别联导论证中的各种谬误，这些谬误可能在推理过程中或在实例中看到，这些原则产生于上文所回顾的联导论证的辩证性和背景性。

（一）适当回顾"辩证空间"，即确定相关论证和辩论历史

如上所述，在做出合理判断时，首要任务是对有关论证进行适当的调查，包括对辩论的历史的回顾。除了提供关于各种论证的显著性和强度信息外，辩论历史还提供了一个背景，如果没有这种背景，可能很难理解某些论证。例如，在争论不列颠哥伦比亚省和加拿大各地关于该州碳税是否明智的问题本质上，很大程度上是因为大多数公民没有意识到争论的辩证语境。对很多人来说，这不过是政府的又一次"抢税"，而且令人费解和怀疑的是，钱还被退还给纳税人。大多数人根本不理解有关碳作为一种外在的经济性的观点（一种不通过市场供给的损耗），如果要对碳燃料的使用从经济角度做出合理修正，就需要将其纳入商品的价格结构中。其背景不仅仅是全球变暖，而是政策理论家们就如何最好地实施减少碳使用的激励措施展开的广泛辩论。

（二）考虑对论证的各种辩驳以及回应

考查议题的正反论证，是联导论证的实质，它们需要和与之关联的反驳一起被识别和评估。值得注意的是，用于支持初始断言的，对单一论证的反驳，至少有两种类型。建议使用如下两种术语。一是抽薪（an under cutter），是一种对支持初始断言的论证的批评。这种批评被用来反驳论证的前提或推理。抽薪的目的是，显示论证结论没有得到很好的支持，所以其结论不能用作初始断言，以支持对案例的判断。例如，如果证据表明：废除死刑的州（jurisdiction）谋杀率并没有增加，这对"死刑可以减少犯罪"的论证就是一个抽薪。对案例中论据的另一种反驳思路被称作针对性反驳（a specific counter）——一个补偿式（countervailing）的论证或断言，是指针对特定的初始断言进行补偿式的考虑。"任何有益社会的做法都有缺点，我们必须接受"，这一论证可以直接用于补偿"死刑不可避免会错杀无辜"这一断言。从这个角度出发，为了对一级谋杀做出合理量刑，社会需要接受错杀无辜的可能性。这两种针对特定的初始断言的反驳不同于一般的对立观点或者反面证据（con argument）。反面证据提供的是另一种反驳思路。例如，对死刑而言，"死刑是一

种与文明国家不相匹配的野蛮行为",这一证据并没有直接指向任何特定论证,而是一个常规的补偿性考虑(countervailing consideration)或反面证据。

(三) 根据相关标准评估各个单一论证

进行联导论证需要整理正反面论证和相关的反驳,因此做出合理判断的首要条件之一就是必须评估有关的正反面论证(就跟其他论证方法一样)(just as one would do with any argument)。联导论证不是对案例中某一断言是否有力的评估,而是通过提供对正面论证和反驳方的审查,对初始断言的可信度的评估。例如,对"死刑不能阻止犯罪"这一断言进行论证评估,人们可以使用社会科学中评估因果关系断言的通常标准,也可以使用其他标准。比如,指出"引用警察局长的观点是诉诸权威的谬误"。人们还可以对该断言在历史上的证据进行评估,比如无辜的人也被处决,并且这种问题不可能被消除(后者可引用历史证据、法律学者等的观点来佐证)。最后,人们也可以对"死刑是某些类型的谋杀的唯一适当惩罚"这样的道德理由进行评估——这在很大程度上需要哲学式的探究。

(四) 确定应有的举证责任和举证标准

在适当情况下,考虑语境,可以帮助确认哪一方需要承担应有的举证责任,以及举证所需要的相关标准。在科学探究中,提出全新的理论或提出与既定观点背道而驰的断言,都需要承担举证责任。从这个角度来看,科学本质上是保守的。在政局上,主张修改法规或改变其他政治协议的人不可避免地要承担举证责任。但政治中的举证标准可以明确地、合理地发展。经过数十年来对大麻的广泛使用,加上至少也有一些科学研究,人们广泛接受了大麻是相对无害的(与酒精相比相对无害,但实际上是有害的)这一说法。因此,现在认为大麻相对无害所需要承担的举证责任和在1960年是不一样的。更典型的例子还有,禁酒令无法阻拦人们喝酒,这一断言无疑是不证自明的,以至于几乎可以在论证中假定这一点。回到死刑的争论上,死刑无法有效阻止谋杀,这一观点得到了犯罪学家的普遍接受,任何持反对观点的人都需要承担举证责任。

(五) 根据替代方案评估其可能性

对特定论证的评估,还应考虑自己的主张是否还有更好的替代方案。例如,关于"为了剥夺犯人的行为能力以及对其做出相应的惩罚,死刑是很有必要的"这一断言,还存在不那么有道德争议的替代方案,即无期徒刑,削弱了那些断言的效力。此外,联导论证的目标在于做出合理的判断,因此不应局限于过去提出的替代方案。解决长期争议,还可以考虑完全不同的替代方案,而不是试图去决定哪些已有的方案值得支持。例如,关于大麻合法化的问题,就可以提出全新的解决方案。当加州考虑大麻合法化时,许多其他州正在考虑不将持有大麻视为犯罪行为,或者像荷兰一样,只在某些"咖啡酒馆"出售大麻。

(六) 重视与之相关的考查范围

对许多有争议的问题的推理涉及多个层面的考量(例如,事实层面、道德层面、实践层面），因此，在试图做出合理判断时，必须在适当的范围内进行考虑。例如，在研究我们是否应该食用来自养殖场的肉时，不仅需要从事实层面考虑这些养殖场饲养的动物的生活条件，还应该从道德层面考虑人类是否对动物负有道德义务。在探讨是否应该提高最低工资时，不仅要考虑统计数据，还要考虑持不同立场的人所固有的对公平和价值（merit）的看法。在处理公共政策问题时，必须考虑伦理及实现途径（instrumental considerations）、目的和手段、成本和收益、长期效应和短期效应等。

（七）重视考查不同的视角

要做出合理判断，需要尝试从"理想观察者"（an ideal observer）的或"客观"的角度做出决定或评估，争取做到将"绝对客观的观点"（view from nowhere）变为"可调控的理想状态"（regulative ideal）。努力实现这一理想需要尝试从多个相关角度看待问题。例如，在道德两难问题中，试着从道德行为者（moral actor）、受害者、受益人的角度去考查。例如，彼得·辛格（Peter Singer）倡导对残疾婴儿实施安乐死，这招致许多争议，许多残疾人团体争辩说，他没有考虑到像他们这样的残疾人。[16]

（八）考虑议题、论点和理由如何在形成过程中产生差异

对立方论证往往有这一特点，即用不同的方式构建问题框架。特定的构建方式可能会使调查向特定的方向倾斜，而重新构建框架则可能会影响推理的结果。例如，丹尼尔·卡尼曼（Daniel Kahneman）和阿莫斯·特沃斯基（Amos Tversky）认为，在构建一个问题的决策框架时，究竟基于牺牲生命还是拯救生命来完成，对很多人的决策过程都产生重要影响。[17] 另一个例子是，道德问题的道义论方法将与结果论观点截然不同地界定道德争议。关于碳税的争论再次说明了构建问题框架的重要性。不列颠哥伦比亚省的公众对碳税感到愤怒，一位公关人士建议，政府本应该将这个问题从提议"增税"重新构建为"税收转移"，即不是征收所得税而是对碳排放活动征税。碳税不是增税，而是税收转移。这样一来，一般公民更容易接受和理解，这一主张得到了民意测验结果的支持。认识到问题构建上的差异往往可以帮助人们理解对立方论证背后的假设，从而更好地对其进行比较评估。认识到问题构建上的差异，也为解决分歧问题提供可能，从而做出博采众长的合理判断。

（九）识别并尝试在不同立场中整合/综合有力观点

好的理由通常不完全存在于相互冲突的观点中。因此，在试图做出合理的判断时，必须认识到每种观点中的有效点（the valid points）。最合理的判断往往包含了反对意见中的有力观点。例如，在对话中，对话双方都承认，对罪犯进行威慑，剥夺其行为能力以及对其合理量刑的需求是合理的，但他们也认为，所有这些问题都可以用无期徒刑来解决。

（十）适当权衡不同的考虑因素、价值和论证

做出合理判断的核心，是权衡各种正反方面的理由。尽管在比较衡量中可能存在观念

上的差异，但还是有可能证明自己所分配的权重是合理的，并评判推理过程中的不适当的权重分配（见下文对权衡的详细讨论）。

（十一）考虑个人信念和经验是否影响了判断

我们关注的是得到合理判断的过程，因此要求这一过程的参与者意识到自己的偏见。越来越多可确信的研究成果揭示了人们在可靠地做出合理判断时会遇到的困难。要做出真正合理的判断需要努力，包括与他人分享讨论，了解一个人的观点和偏见，避免更常见的一般偏见，例如代表性偏见（representativeness bias）（认为那些单一事件或经验就代表了通常会发生的事件）和证实性偏见（confirmation bias）（只寻求支持自己观点的事例）。在做出合理判断时，避免偏见的一个关键策略是，对那些与自己观点相悖的证据和论证予以应有的关注。如上所述，我们已经在探究过程中考虑了这些，因而对证实性偏见进行了着重审查，而其他偏见可能需要用不同的策略来解决。了解自己观点的发展依据以及他人观点的发展依据，也有助于减少对自己观点的盲目自信。

（十二）做出判断时要保持适度的自信——根据推理强度进行判断

理性的自我意识的一部分，涉及评估一个人在回顾对论证的判断之后究竟有多自信。也许人们可以相当有信心地得出结论：任何国家都不应该使用死刑。但目前在讨论如何应对全球变暖问题或讨论肥胖症原因时，不是任何时候都能信心满满地做出判断，尽管我们可能迫切需要对这些问题采取行动。对描述性事实断言的可能性的判断，存在某种问题，但任何关于该做什么的判断都必须考虑到未来的事态发展，而这通常比判断事件的当前状态更难确定。最后，虽然有一些公认的一般道德原则，但将它们应用到实际案例中时，特别是在那些接受了冲突原则之处，将不可避免地产生明显的不确定性。对未来的不可预测性意味着我们在做出几乎所有的重大决定时，都做不到完全信心满满。在本书中，我们建议将以下条目作为指南。

判断与信心

当由权重（weight）明确支持判断时，可保证对判断非常有信心。

当理由权重强烈支持判断，但仍存在强有力的反驳意见时，可保证判断有合理的信心。

当理由权重不是压倒性的，而只是支持一种立场时，得到的是一个不确定的判断，我们可进行权衡判断。

当不同立场的理由势均力敌或没有足够的证据做出判断时，则有必要暂缓做出判断。[18]

五、判断失败

我们的重点是从判断失败（failures of judgment）的层面为做出合理的判断提供指导原则。我们也认为，这些原则是识别特定的联导论证或案例中的某些类型的问题的基础。

一个给定的案例,可以根据其处理或未能处理的程度来评估,以达成合理的判断。我们称遗留下来的问题为"判断失败"。与传统的非形式谬误一样,判断失败对识别坏论证方面很管用,而不是指出好论证。我们认为提供的例子还不够充分,没有完全考虑各个相关方面。以下是我们已经确定下来的关于判断失败的描述。

1. 未能对相互对立的论证进行全面审查

做出合理判断涉及对一个问题的各种理由和论证进行比较性评价。因此,如果没有考虑到关于该问题的任何重要论证,将被视为严重缺陷。

2. 未能适当考虑举证责任

未能确定举证责任在何处或举证责任错位,可能导致不恰当地确定构造案例所需的证据数量或成功做出判断的时间。

3. 未考虑断言的不确定性

当证据不足以支持断言时,将断言视为确定的,将导致强加的不合理判断,或做出超过其可信度的判断。

4. 未能考虑替代解决方案或可能性

只有考虑了所有可用的替代方案才能评估案例的说服力。忽视可能的、合理的替代方案则可能导致对该案例的批评。

5. 未考虑反对方

由于论证是辩证的,任何缜密的判断,除了提供论证外,还必须回应已知的重要反对意见。不这样做会大大削弱案例的可信度。

6. 未考虑可能的影响

许多判断涉及决定做什么。在所提供的论证的基础上做出的行动无论有多么正确,不考虑后果(特别是意外后果)会大大削弱判断。

7. 未考虑所有相关的因素

由于上述原因,没有考虑所有相关因素的案例是不对的。

8. 问题构建偏差

过于狭隘地构建问题或论证,或构建过程中使讨论偏向某一特定观点,可能会排除对其他可能性的考虑,从而导致偏见。

9. "非此即彼"的问题构建

鉴于许多问题不止有两面,而且两个对立面之间往往会有折中的可能性,将所有问题视为"非此即彼"的,即在两个对立立场之间做出选择,可能会使问题过于简单化,导致无法认识到其他的、可能更合理的可能性。

10. 权衡不当

这个问题是指在做出判断时,过度重视问题的某些方面。

11. 在做出判断时信心程度不合适

在评估判断时信心程度超过或者低于理由的强度所支持的,这也是一种判断谬论。

六、权衡各种理由

在讨论如何评价联导论证(包括我们进行的联导论证)时,权衡是核心概念。无论我们最后可能提供了什么指导原则,归根结底,必须权衡正反面理由,以便做出合理的判断。然而,正如许多理论家指出的那样,权衡这一比喻在论证过程中难以实现。能否量化各种理由或论证的权重或说服力?如果不能,那么权衡这个概念是否会变得过于模糊以至于毫无用处,或是过于主观以至于没有评估的价值呢?[19][20]

我们认为,权衡(我们视之为一个过程)这一比喻就算不完美,也是有意义的,我们还认为虽然权重(我们视之为权衡的产物)是无法量化的,有时也会引起分歧,但权重(从大体上来说)不是主观的。通过客观因素和客观理由,例如某些被广泛认可的价值观和原则,可以证明权重的合理性或对其进行批评。此外,论证可以根据其真的可能性以及它们对判断的支持或权重来评估。如果一个论证,其结论可信,那么这个论证对判断有相当大影响;如果其论证是可疑的,则不会对判断有多少影响或根本没有影响。例如,在法庭上,如果有证据表明被告有可靠的不在场证明,这将很有助于排除定罪(exclude a conviction);如果不在场证明有问题,它提供的权重将大大减轻。此外,当许多人都可能有实施某种罪行的动机时,即使一个人确实有实施这种罪行的动机,也增加不了多少权重。

前面引用的关于死刑的对话节选可以用来说明权衡的以下方面。然而,必须记住,在进行这番对话之前,人们已经对各种论点的相对权重进行了大量讨论(例如,Phil:但你已经说服了我,死刑可能会招致更严重的不公平……),而且这一讨论过程是一个发展的过程,在推理的过程中,一些论证已经得到了修正或重构,这才有了我们在对话节选中看到的案例。

在回顾以前对单一论证的评价时,菲尔和索菲亚一致认为,两种支持死刑的论证,即威慑论和成本论,并不能支撑他们的结论——支持死刑这一结论是站不住脚的。它们被抽薪式论证(under cutter arguments)驳倒,因此没有任何的说服力。然而,除了评估论据推导出的结论是否属实或可信外,还可以评估这些论证在多大程度上佐证或反驳了死刑这一案例。如果威慑论和成本论可信的话,会在不同程度上增加支持死刑的说服力。如果死刑真的对谋杀起到重大威慑作用,那将是支持死刑的有力论据,因为拯救无辜人的生命是人们共同的价值认可。然而,即使比起执行死刑,终身监禁有着更高的成本,但鉴于对死刑的道德反对,成本论不可能是强有力的论证,因为初步的假设是,道德问题通常应优先于成本等实际问题(instrumental issues)。

另一种支持死刑的论证,即去行为能力论(incapacitation argument),被认为合理。因为死了的杀人犯确实不能再杀人了。然而,鉴于还有其他可能方案可以阻拦杀人犯再次犯罪,死刑实在是过激了,因此这并不是支持死刑的一种非常有力的论证。有一种在道德上不那么令人不安的替代办法,即无期徒刑,也可以达到同样的目的,因此去行为能力论的说服力被这一针对性反驳(a specific counter argument)所削弱。此外,报复论(retribution argument)被认为很有说服力,正义的伸张是人们广泛认可的价值观,也是任何法律制度所固有的价值观。然而，尽管人们承认伸张正义是合理的，但报复论被作为支持死刑的论证的说服力下降了，因为无期徒刑也可以满足伸张正义的需求。因此，由于存在更好的替代方案，去行为能力论和报复论在辩论中的说服力就会降低。

菲尔和索菲亚认为，可能错杀无辜是反对死刑的一个非常有力的论证。实际上，这一理由压倒了大多数其他理由，它反映了被广泛认可的价值（不能错杀无辜者）和法律的基本原则（不惩罚无辜者）。的确，任何惩罚制度，无论它在规避错误方面做得有多好，都难免犯错。然而某些死刑判决（和长期监禁）被证明是错误的，这也大大增加了该论证的说服力。因此，处决无辜者不仅在理论上有可能，而且实际上也不算非常罕见，至少在某些地区的一些案例中，错杀无辜和种族歧视出现的频率让这一论证更具说服力。然而，这一论证的说服力仍是相对而言的，因为如果能够证明死刑的威慑作用十分强大，受到了保护的无辜者比制度漏洞带来的受害者多得多，这就可以成为支持这种做法的强有力的理由。由于这些评价和数据的可比较性，如果它们可信且恰当，则可能具有重大意义。

我们还可以看到如何利用举证责任来帮助确定各方论证需要具有怎样的说服力才能占据上风。在死刑的案例中，全世界废除死刑的趋势表明保留死刑的一方需要承担举证责任。在这一案例中，确定哪一方需要负起举证责任不那么关键，因为反对死刑的论证明显更有说服力。但在其他案例中，各方的理由势均力敌时，确定举证责任的归属可能起到决定性作用。当要考虑做出刑事判决时，举证责任明显在公诉人身上。辩护方即使未能很好地削弱公诉人的论证，也不应导致被告被定罪，因为辩护方需要做的只是证明对被告的罪行存在合理的怀疑。

诉讼展现了权衡的一个方面，即普遍认可的价值观和原则是证明权重合理性的一个重要依据。论证和普遍认可的价值观和原则的吻合程度不容低估。例如，人们普遍认为，法律制度应体现正义原则；道德考量通常应优先于成本因素；国家处决无辜的人在伦理上是极其成问题的。其中一些价值观和原则在各不同领域被确立，且与"实践指向"（point of the practice）相关。例如，不错判无辜者有罪或惩罚无辜者是法律的基本原则。减轻痛苦是医学的基本原则。注重孩子的学习是教育的基本原则。依据这些价值观和原则做出权衡，可以合法地被视为合理，并且可以对那些表现出不恰当的权衡之处进行合理批判。例如，如果某项教育政策重视行政效率而不是儿童的学习，那么我们有理由批评该教育政策。

德里克·艾伦（Derek Allen）在他讨论加拿大强奸犯保护（Canada's rape shield）判决的论文中提供了一个很好的例子，解释了权衡的这一方面。下文是他引用的该案件其中一名法官的观点，关于在强奸案件审理中不采用可能有偏见的证据的意见摘录。

> 不过，当有偏见的证据是支持被告时，法官如果要排除它，必须是一旦使用它的偏见效应将实质性地大于它的证明价值。因为一个自由民主社会重视不将无辜者定罪的原则。[21]

在这里，我们既明确解释法律裁决的中心原则，又解释如何基于这一原则对特定案例中的各种理由进行合理权衡。

当然，对于相关因素或主要因素，可能存在分歧，甚至有时可能存在严重分歧，例如关于堕胎的争论。然而，通常情况下，人们会对这些考虑因素达成一致，但对如何确定它们的优先次序，或它们在特定情况下如何发挥作用存在分歧。例如，在艾伦引用的强奸犯保护决定（the rape shield decision）中，另一位法官有异议，认为不被采用的性史证据"要么毫不相关，要么存在偏见，以致其最基本的证明价值被其扭曲事实的效应所掩盖"[22]。在这种情况下，对于相关原则，即偏见影响与证明价值，大家达成了一致，但在此特定背景下，对于它们的相对权重存在分歧。另一个例子是，在政治左翼人士中，有些人支持碳税，认为碳税会对环境产生积极影响；而另一些人则反对碳税，认为碳税会给经济困难的人带来负面影响。虽然双方都重视环境和经济平等，但他们认定的优先级不同。这些判断差异在某种程度上可能来源于，对各种可能结果的可能性或严重性的评估的差异，或如何计算不同政策的短期和长期成本和效益的差异。但是，人们可以试着为这些差异提供理由并进行推理。

另一个明确讨论权衡的例子可以在杰罗姆·科恩菲尔德（Jerome Cornfield）的一篇开创性的论文中看到。[23] 在关于吸烟是否导致肺癌的早期讨论中，尽管研究人员无法提供一个很好的生物模型（动物实验）来证明吸烟与肺癌之间的联系，但在这种情况下，科恩菲尔德认为，不应赋予流行病学推理通常接受的权重标准。他的观点是，吸烟与肺癌具有很强的相关性和很强的"剂量关系"，这些事实，以及对于这些数据缺乏可信的替代解释的事实，应该足以确定吸烟与肺癌之间的因果关系。这是自19世纪末以来，流行病学领域首次成功地将生物学解释置于大规模统计结果之下。

我们以这些例子来表明，合理审查权重及其背后的理由是有意义的。在这方面，强奸犯保护案（the rape shield case）中引用的两种意见（或科恩菲尔德的论证）很典型地证明了在合理判断过程中权重的作用。给出关于权重的明确解释，在公共理性领域将其提交审查，可以作为其他人审议和持续探究的基础。由于权衡是一个动态的过程，因此总是有可能重新构建论证甚至问题，从而消除关于如何权衡各种价值或考虑因素的分歧。例如，一场公共政策讨论，最初是以各方权利的竞争为框架，现在则是以社区的福利为框架来重新规划。然而这样做，各方不一定能达成一致意见。但是，除非问题得到解决，否则其他人或我们自己做出的任何评估都可以被看作是正在进行的推理过程的一个节点和贡献。

参考文献

[1] Govier T. The philosophy of argument [M]. Newport News：Vale Press，1999.

[2] Johnson R H. Manifest rationality：a pragmatic theory of argument [M]. Mahwah，NJ：Erlbaum，2000.

[3] [6] Wellman C. Challenge and response：justification in ethics [M]. Carbondale：Southern Illinois University Press，1971.

[4] [5] Govier T. Problems in argument analysis and evaluation [M]. Providence，RI：Foris Publications，1987.

[7] [18] Bailin S, Battersby M. Reason in the balance: an inquiry approach to critical thinking [M] // 2nd Edition. Cambridge, Mass: Hackett, 2016.

[8] Blair J A, Johnson R H. The current state of informal logic [M]. Informal Logic, 1987.

[9] [13] Hitchcock D. Statement on practical reasoning [EB/OL]. http://citeseerx.ist.psu.edu/viewdoc/download?doi=10.1.1.29.6897&rep=rep1&type=pdf, downloaded Jan. 16, 2010.

[10] Govier T. A practical study of argument [M]. Belmond, CA: Wadsworth, 1985.

[11] Johnson R H. Anticipating objections as a way of coping with dissensus [M]. In Dissensus and the Search for Common Ground, CD-ROM, 1-16, edited by H. V. Hansen, et al. Windsor, ON: OSSA, 2007.

[12] Bailin S, Battersby M. Inquiry: a dialectical approach to teaching critical thinking [M]. In Argument cultures: Proceedings of OSSA 8 CD-ROM, edited by J. Ritola. Windsor, ON: OSSA, 2009.

[14] Zenker F. Complexity without insight: ceteris paribus clauses in assessing conductive argumentation [EB/OL]. http://www.frankzenker.de/downloads/ZENKER_ALTA_2007.pdf, downloaded Jan. 15, 2010.

[15] Wohlrapph. A new light on non-deductive argumentation schemes [J]. Argumentation, 1998 (12): 341-350.

[16] M J H. Unspeakable conversations [EB/OL]. http://www.nytimes.com/2003/02/16/magazine/unspeakable-conversations.html?ref=petersinger.

[17] Kahneman D, Slovic P, Tversky A. Judgment under uncertainty: heuristics and biases [M]. Cambridge: Cambridge University Press, 1982.

[19] Kock C. Is practical reasoning presumptive? [J] Informal Logic, 2007, 27 (1): 91-108.

[20] Kock C. Norms of legitimate dissensus [J]. Informal Logic, 2007, 27 (2): 179-196.

[21] [22] Allen D. Relevance, conduction and canada's rape shield decision [J]. Informal Logic, 1993, 15 (2): 105-122.

[23] Cornfield J, et al. Smoking and lung cancer: recent evidence and a discussion of some questions [J]. Journal of the National Cancer Institute, 1959 (22): 173-203.

Conductive Reasoning: Guidelines for Reaching a Reasoned Judgment

Mark Battersby, Sharon Bailin

Abstract: Conductive reasoning is widely used in almost all fields, such as philosophy, science, law, etc. It is a comparative assessment of various controversial positions and arguments related to the issue to make reasonable judgments. However, the purpose of conductive reasoning is not to make a conclusive argument, but to make a well-reasoned judgment based on relevant criteria. This is also the difficulty. The core key is to balance the comparative reasons on various sides, which leads a dynamic process to promote continuous inquiry. This paper provides the general particular guidelines for conductive reasoning, which arise from the dialectic and background of conductive reasoning. These guidelines also give the criteria to identify the failure of judgment.

Keywords: conductive reasoning; reasoning in the balance; reasonable judgment; pros and cons

(本文原载于 Sharon Bailin, Mark Battersby. Inquiry: A New Paradigm for Critical Thinking, 2018, Winsor Ontario, 经作者授权翻译并发表. Copyright © Sharon Bailin, Mark Battersby. Translated and circulated with the permission of the author.)

联导论证：一个未被接受的推理和论证观

特鲁迪·戈维尔（著）　董毓（译）　李慧华（校）

【摘　要】　本文回溯了卡尔·韦尔曼（Carl Wellman）对联导论证的提出和论述。韦尔曼将联导推理看作独立于演绎和归纳的第三种类型的推理。虽然韦尔曼对演绎和归纳的看法存在争议和缺陷，但这种通过正反考虑来对结论提供权衡性、累积性但非结论性的支持的论证是存在的，而且其存在的范围比韦尔曼运用的还要广泛，包括经济、文学、哲学等方面的论证。本文通过讨论联导推理和其他论证的区别，指出联导推理不能看作是省略前提的演绎推理。作者反对联导推理只是临时拐杖的观点，认为它是真实和重要的一种推理类型。

【关键词】　联导论证；权衡论证；批判性思维

一、卡尔·韦尔曼和联导论证的概念

　　哲学家是想用系列的论证推理来证明他们的观点，还是并未打算论证，只不过是在陈述自明或者在他们看来自明的看法？这个问题会让人感到奇怪，因为答案会是两者兼而有之……确实，当我们阅读像休谟关于权利与善的分析或者布罗德关于物质本质理论的附录时，我们会发现，那里面有许多可被穆勒称为"能影响智力的思考"，但它们不是相关联的，它们其实和议题是分开的。[1]

　　卡尔·韦尔曼的《挑战与回应》表面上是关于元伦理学的，但实际上主要是论述确证（justification）这个主题。韦尔曼花了很多时间和精力来讨论"什么是确证？"这个问题，并且有一些相当独特的看法。他将自己的观点总结如下。

[作者简介]　特鲁迪·戈维尔（Trudy Govier），女，加拿大莱斯布里奇大学，主要从事社会哲学、伦理学、论证理论、非形式逻辑、批判性思维等的研究。

[译校者简介]　董毓，男，华中科技大学创新教育和批判性思维研究中心，主要从事批判性思维、非形式逻辑和科学方法研究；李慧华，女，现居加拿大，主要从事逻辑与批判性思维研究。

① 译者注：译自特鲁迪·戈维尔《论证分析和评估中的问题》（*Problems in Argument Analysis and Evaluation*）中论述威兹德姆的先验类比和韦尔曼的联导论证的第四章（Two Unreceived Views about Reasoning and Argument）。本文摘译其联导论证部分。标题为译者所加。

……确证,本质上应被理解为对挑战的回应过程。可以将它描述为人的一种心理斗争,他或者是在试图迫使另一个人屈服,或者在努力应对自己的疑虑和相互矛盾的信念。但确证又不仅仅是一场心理斗争,因为其核心是对真理、有效性、疑虑、保证和合适的关键断定。因此,任何特定心理斗争的实际结果都不会一劳永逸地解决在确证过程中争论的问题。由于确证具有这种特别的双重性,我们在讨论和思考中的所作所为,便可以用来检验真理、有效性和被确证等关键概念。①

　　许多确证都是通过论证进行的,韦尔曼在他的书中谈到了一些关于论证的有趣和不寻常的事情。他认为,归纳/演绎二分法并未穷尽,至少还有一种其他类型的论证,他称之为"联导"。

　　韦尔曼对演绎和归纳的定义有些不同寻常。他对演绎的定义与柯皮(Irving Copi)的很相似:演绎是一种主张结论必然地从前提得出的论证。在他主要关注的伦理学中,他将演绎看作是以普遍的原则来推导个案结论的推理。对韦尔曼,归纳是通过确定其蕴含(implication)的真假来证实或否证假说的推理。联导,则是第三种类型的推理。联导推理不同于演绎和归纳,它是从个案的一个或多个前提——在不诉诸其他个案的情况下——非结论性地推导出对该个案的结论。在有多个支持性前提的联导推理中,我们将这些独立但相关的因素汇集在一起来支持结论。因此,联导论证的关键取决于相关性的概念。它不同于演绎论证,因为它所使用的因素并不推衍(entail)其结论,也不被认为足以支持结论。它不同于归纳论证,因为它不是通过实例来证实或否证假说,也不是(通常)单独地使用相关的理由来支持一个规范性、概念性或哲学性的结论。它的问题通常不是经验性的。

　　韦尔曼试图建立这第三类论证,以表明在确证结论的问题上,存在比我们大多数人想象的更大的灵活性。他特别在意反驳这样一种普遍观点,即伦理学中的确证必须是从普遍或一般原则中得出特定结论。韦尔曼认为,至少存在三种不同类型的伦理推理,它们都被用来确证关于我们应该做什么的结论。首先,我们可以从一般原则中推导出这样的结论,如果我们有足够的把握这样使用这些原则的话。其次,我们可以使用对特定实例的判断来证实或否证普遍的假说,即进行韦尔曼所说的归纳推理。最后,我们可以通过使用一个或几个与它相关但不具有结论性的事实来支持关于特定问题的结论。

　　假设有人说:"你应该带你的儿子去看电影,因为你答应了,这是一部好电影,而你今天下午没有更好的事可做。"这就是通过联导推理得出关于该做什么的结论。

　　韦尔曼的讨论看起来似乎不是那么有意思,因为他对演绎和归纳的表述存在争议。用"必然联系的主张"来定义演绎论证有一些问题,因为许多论证没有显示是否做出了必然联系的主张。此外,韦尔曼不必要地将自己限制在从普遍到特殊的演绎上。显然,还有其他形式的演绎。此外,韦尔曼对"归纳法"的定义是非常个人化的,他自己也认识到这一点。有人可能会认为,容许在先验语境(priori contexts)中也有归纳推理的观点是有用的。那么问题出来了,因为许多演绎有效的否定后件(modus tollens)论证,

---

① 韦尔曼对归纳法的解释有些既不同于传统的看法,也不同于我自己的解释,正如我在上面引用的评论所指出的那样。

在韦尔曼的意义上将算作归纳。看看这个例子,"如果我所有的学生都是计算机科学专业的,那么由于乔是我的学生,乔将是计算机科学专业的。但乔不是计算机科学专业的学生。因此,所有我的学生都是计算机科学专业的假说是不正确的",这是一个通过实例来否定假说的论证。根据韦尔曼的定义,它是归纳的。但显然它是演绎有效的。它也可以被认为是韦尔曼意义上的演绎——它很容易被视为"主张"演绎有效性。韦尔曼对归纳的概念过于宽泛,因为它会将一些演绎有效的论证视为归纳的。但它也过于狭窄了,因为因果推理、最佳解释推理以及从基于过去经验的概括到未来案例的推理,都在这个意义上不算归纳。这些结果是高度(并且不必要地)违反直觉的。有了这样一个非正统的"归纳"概念,还有一种非演绎和非归纳的不同类型推理的看法,就显得似乎只不过是非正统分类系统的结果。

正如韦尔曼指出但并未强调的那样,联导推理并不只在伦理语境中才有。在我们试图就分类问题做决定的语境、解释性语境,以及哲学和理论的语境中,联导推理都很常见。有联导推理的论证通常会在前提中提出几个相关因素。有时可能只引用了一个非结论性的相关因素,这种情况下,联导论证和演绎论证之间的区别在于该因素是不充分的,其他未提及的因素本也可以被提及并计入。此外,联导论证是"正"和"反"(pros and cons)的论证中的一个首选。我们可以允许有相关但反对结论的因素,提及它们,然后引用支持的因素来论证结论。我们评判,并要求受众也评判,支持的因素的权重超过了反对的因素。

例如,考虑以下解释性论证。

> 休谟并非怀疑论者,因为尽管他认为我们的基本信念没有得到理性确证,但对古典怀疑论者进行了抨击,并坚持认为我们相信的程度与我们的思考和感受的程度一样确定。

这是"正和反"类型的联导性论证。它引用了一个支持休谟是怀疑论者的因素,还引用了另外两个与该观点相反的因素。后两个因素被认为比第一个因素更重要,因此从整体上看,该论证提供了充分的理由认为休谟不是一个怀疑论者。许多实际的推理似乎都涉及这种对正反利弊的考虑,以及估计或"累加"它们的集合作用。一个有联导推理的论证可能是这种衡量正反利弊的推理的产物。它通常会涉及几个这样的因素的具体说明,并根据论证者认为的累积力量得出结论。这样的论证已被其他作者默认。

(一) 相关观点

库尔特·拜尔(Kurt Baier)对伦理学中"好理由"论证的强调就是一个很好的例子。在 1958 年首次出版的《道德观点》(*The Moral Point of View*)中,拜尔描述了可用于确证道德结论合理性的各种理由,并且似乎已经想到了一些类似联导论证的东西。他认为:

> 说某个事实是一种考虑因素,无论是支持因素还是反对因素,就是说这个事实导致了一个推定,即行动主体应不应该采取与这个事实相关的行动。断言某些理由是初

步理由，或其他条件相等的理由时，也是这个意思。这都是指，这些理由所依据的事实仅仅产生了一个推定，即行动主体应不应该采取所考虑的行动的推定。[2]

迈克尔·斯克里文（Michael Scriven）和斯蒂芬·托马斯（Stephen Thomas）都注意到这种由不同的因素累积或汇聚而支持结论的论证。然而，他们都没有将其作为一种独特的类型进行较多讨论。[3][4] 事实上，托马斯接纳了与该主张不一致的理论。由于我在《非形式逻辑通讯》发表了一篇批评性的评论，呼吁人们关注韦尔曼的观点并论证其意义，大卫·希契科克（David Hitchcock）在他的教科书中纳入了对联导论证的认可。然而，总的来说，韦尔曼的解释并没有动摇哲学家对演绎主义和实证主义作为日常论证的理论的信心。

联导性论证的概念并不仅仅来自韦尔曼有点特别的分类系统。其他分析家也已明确或默认这个观点的重要性：非结论性相关是许多论证的一个基本概念，而且这些论证常常包含对"正和反"的考虑。我在这里想做的是支持韦尔曼关于相关性和正反论证的观点，但放弃他的论述中的其他一些特征。我不想赞同他对"归纳"和"演绎"的定义，也不想支持他将联导推理限制在捍卫特定结论的语境中。韦尔曼将联导论证定义为关于特定个例的论证。但这似乎是不幸的，因为很容易想到引用单独的事实来非结论性地支持概括性陈述的例子。例如，考虑以下论证。

> 黑人与白人平等，因为他们与白人一样健康，在生物学上与白人相似，与白人一样聪明，并且与白人有相同的基本需求。

无论这个论证有什么实质性优点，我们都可以很容易地看出它是基于独立的、非结论性的相关前提。这是一种可以承认"反"并与"正"进行"权衡"的论证。关于黑人和白人的各种前提分别与结论相关，因为如果一个前提是错误的，其他前提依然不受影响。因此，这个例子符合韦尔曼所说的大部分内容，但结论在形式上并不是个例。显然，我们可以通过引用相关因素来对个例进行推理。此外，很多联导推理都是关于个例的。然而，联导推理也可用于支持普遍的或形式上普遍的结论。

要澄清联导论证与其他论证之间的不同，可以看多前提论证中的前提相互结合以支持结论的不同方式。这些不同的支持方式与前提的结构安排有关，而不涉及前提能够为结论提供支持的强度或性质。它们也不关心前提的真实性或似真性。它们关注的是论证的结构图，而不是它们的分类或推论评估。比尔兹利（Monroe Beardsley）的早期著作和托马斯（Stephen Thomas）关于自然语言推理的著作对这种支持方式做出了经典的描述。托马斯以对结构的阐述和对比尔兹利的技术的运用而广受好评。他们揭示的是收敛（convergent）论证和连接（linked）论证之间的区别。① 当支持模式是连接式的时候，一个前提只有和其他前提结合，才和结论相关。在收敛式的支持模式中，前提各自分别地影响结论。除了只

---

① 托马斯使这项技术在教学上很重要，并从比尔兹利那里改编了它。我在我的文本中提供了一个版本，加强了一些区别。

有一个前提的极限情况外，所有联导论证都体现了收敛的支持模式。然而，正如韦尔曼仔细指出的那样，反之却不成立。可以有这样的情况：论证是收敛模式的，它有几个不同的前提，每个前提单独使用时，都演绎地蕴含结论。这种情况的发生可能是因为论证者预计他的某些前提会受到质疑，或者因为他不知道蕴含关系成立，使得他的某些前提在逻辑上变得多余。他提供了比逻辑所需的更多的理由。在一个联导论证中，各个前提，即使不在考察中，也会加强彼此作为支持的力量。"每个加入的新前提增加的是论证的逻辑力量，而不是证明力量。"韦尔曼说。[5]

我们不能仅通过收敛支持模式来定义联导性论证，因为如果我们这样做，一些演绎论证将会是联导性的。归纳也有类似的问题。一些归纳论证使用收敛支持模式，特别是当引用许多不同且明显无关的个案来支持概括时。通常，在联导论证中，没有任何一个前提可以演绎地蕴含结论。当综合考虑所有前提时，它们也不能蕴含结论。在前提与结论正相关或被论证者认为与结论正相关的意义上，前提对结论有利。这里"相关"并不意味着"充分"。我们评估联导论证的方法不是测试演绎有效性。相反，我们需要问自己：前提是否相关，它们对结论的支持力度有多大，以及与结论也相关但未提及的因素是否会"超过"前提。我们也可能会考虑进一步的个案来测试对相关性的断定。结论不是对个案的概括，就像枚举归纳那样。它不假定所考虑个案之间的经验规律性，也不假定解释性或因果归纳推理所需的背景经验知识。在这些情况下，X 是否与 Y 相关是一个概念性、规范性或"标准性"的问题。

（二）更多例子

由于韦尔曼主要关心的是伦理命题的确证，他主要从道德推理领域举例子。但是这个限制没有必要，可以找到许多其他论题的例子。下面是斯克里文引用的例子。

> 我们可以感到自豪的是，美国已经摆脱了过去几年的萧条。终于，许多复苏指数都显示出乐观的数据。通货膨胀率已经放缓，失业率或多或少趋于稳定，库存开始下降，预购订单开始回升，而且——最好的消息是——平均收入数据显示出增长。悲观论者感到沮丧，自由企业制度再次得到证明。[6]

这里引用了许多不同的证据来支持美国正在从萧条中复苏的主张：通货膨胀率放缓、失业率稳定、预购订单增加以及平均收入数据增加。

文学批评领域的一个例子如下。

> 毫无疑问，艾米莉·勃朗特给《呼啸山庄》的整个情节蒙上了一层隐隐约约的乱伦气息。希斯克利夫娶了他失恋的爱人的嫂子；他妻子的儿子娶了她兄弟的女儿；凯茜的女儿嫁给了她哥哥的儿子。两个主角之间不自觉的乱伦之爱不会与充满暴力和野蛮场面的小说的基调背道而驰，例如手腕在破碎的窗玻璃上虐待狂似的摩擦，凯茜剧烈的精神错乱，或者希斯克利夫将他血淋淋的头撞击树的景象。[7]

这里，给出了四个独立的前提来支持小说中存在乱伦元素的结论：三个特定的准乱伦关系，第四个引用其他的暴力行为，声称小说中这样的野蛮情调使乱伦显得不突兀。这是一个用联导论证来支持解释性主张的例子。

我们还可以在哲学中找到联导论证的例子。例如，考虑以下论证：

> 我们发现，要么（a）相应的感觉数据通常与观察到的物体表面不完全相同，要么（b）相应的感觉数据通常缺乏其所感知的特质。因为（1）它所感知的性质通常与表面的性质不相容，（2）不同观察者的感觉数据的性质通常彼此不相容。[8]①

结论是（a）和（b）的析取；陈述（1）和（2）分别构成了独立相关的前提。感知的性质通常与物体表面的性质不相容，而不同观察者感知到的性质通常不同并互不相容，这是为支持结论而提出的两个截然不同的主张。两者都没有蕴含结论；两者都是在概念上与结论相关。

另一个哲学例子，这次还涉及了相反的考虑。

> 按罗素先生的说法，我们将"这个"用作我们所熟悉的事物的"专有名称"，那么"这个存在"的句子有意义，我知道，这个观点是有争议的；我必须承认，我的观点包含一个奇特的结论，即以这种方式使用"这个存在"时，它总是正确的，而"这个不存在"总是错误的；我几乎没有任何理由支持这个结论，除了它似乎对我来说是如此显然的，即在我拥有的每一个感官数据的情况下，它逻辑上可能存在这样一种情况，即所讨论的感官数据不存在——根本就没有这样的东西。[9]

结论是，"这个存在"有意义。它有一个主要理由："这个"命名了一种感觉数据（被理解为背景和语境的一部分），而任何特定的感觉数据逻辑上可能不存在。公认有两个观点反对该结论。一是"这个存在"总是真实的。另一个是"这个不存在"总是假的。摩尔（George E. Moore）明确表示，在他的判断中，单一的支持因素胜过了反对因素。我的意思并不是说摩尔的论证很好，甚至不是说它是清晰的。关键是它是一种在类型上具有联导性的哲学论证。

我注意到实用逻辑的初学者倾向于以一种在标准演绎和归纳看来不适合的方式处理论证。学生们似乎常常相信一个论证的前提越多越好。他们不太相信一个完全有说服力的论证可能只有一个前提。此外，当被要求评估前提和结论之间的联系时，他们通常会逐个查看前提，一次只看一个，试图确定每个前提是否与结论相关，以及它可能提供什么支持。这种先入之见往往是不正确的，但它们适用于联导论证。它们在初学者中的盛行很可能是一种证明：在日常论证中存在许多联导性论证，它们运用各种理由来支持一个主张。

一些哲学圈子中，有一种将联导论证归结为演绎论证的倾向。其标准的策略是：将联导论证视为省略式的（enthymematic）论证。韦尔曼花了一些时间来反驳这种做法，并提

---

① 感谢弗莱特曼（Jennifer Dance Flatman）找到这个和前面两个例子。

供了一个精彩的说明。简而言之，主要的反对意见是，如果我们试图将"你应该归还这本书，因为你承诺这样做"这样的论证转化为演绎上有效的论证，我们将需要一个额外的前提——当然，被认为是在原始的论证中"缺失"的前提。但是，候选的附加前提要么是错误的，要么无法独立于有关个案的判断进行验证，要么无法事先明确表述。"你应该永远信守诺言"的断言是错误的，因为"在其他条件相同的情况下，你应该始终信守承诺"的断言无法得到独立于有关个案的判断的证实；而"在类型为（abc）的情况下你应该始终信守承诺"的断言则是不可能得到事先明确表述的。省略推理观经常以引入不可知的前提为代价来使推理无懈可击。韦尔曼反对省略推理观，他说：

> 这种重新表述的论证不能像原始的论证那样用来确证伦理结论。这是因为我们通常无法确证那些必须添加到论证以使其具有演绎形式的前提。由于我相信至少在某些情况下，论证确实能确证它的结论，所以我得出结论，试图通过寻找额外的前提来挽救演绎主义观是错误的。[10]

原始论证通常不会被认为是结论性的，而附加前提使之成为演绎性的就会扭曲原始论证，并使它的优点无法得到确定。如果添加带有"其他条件相同"的条款的前提，那么为了确定该前提是否适用于所讨论的情况，就必须事先对该情况进行确定。（这样一来演绎推理就不是提供答案的推理。）在出现多个前提的情况下，问题更严重，因为一个论证被转化成多个论证，每个从推理的角度来看都是"结论性的"并且都有一个无法知道的前提。

像论述先验类比论证的威兹德姆（John Wisdom）一样，韦尔曼坚持认为，我们可以并且确实在不依赖连接的概括性陈述的情况下对具体事物进行推理。他们的这种立场虽然在哲学中属于少数派，却有着悠久的历史，并且明显是由笛卡儿提出的。当笛卡儿提出"我思故我在"时，一些批评家认为它实际上是一个缺少前提"凡能思考的事物都存在"的三段论。笛卡儿否认了这一点。[11]

> 说"我思故我在"或"我存在"的人，并不是通过三段论从思维中推导出存在，而是通过一种简单的心灵视觉活动，将其识别为就好像它本身就是已知的事物一样。从以下事实可以明显看出这一点：如果它是三段论推导的结果，那么大前提——一切能思考的东西都是存在的——就必须事先知道。然而这反而是从个体的经验中学到的——除非他存在，否则他无法思考。因为我们的心灵本质上是这样构成的，即从对特殊的知识中形成的一般性命题。

在一封信中，笛卡儿其实预测到了威兹德姆论述的一些主题，他说：[12]

> 这里更大的错误是我们的批评家假定特殊真理的知识总是从普遍命题中推导出来，符合辩证法中三段论观察到的顺序。这表明他对应该如何研究真理的方法了解甚少。因为为了发现真理，我们肯定应该始于特殊的概念，然后到达一般概念，尽管我们也可以反过来，从已经发现的普遍概念推导出其他特殊的情况。

当笛卡儿说"一切能思考的东西都是存在的"的前提必须"从个体的经验中学到"时，他并不是说这前提是经验性的，而是说，我们能够知道它是因为我们可以，在一种或多种特殊情况下，洞察思维与存在之间的逻辑联系。普遍性可以依据和通过特殊性而得到认识，这也是亚里士多德的知识论的著名观点。

没有充分的理由认为所有特殊推论都需要补充普遍前提。这种观点在逻辑上"澄清"了论证，却在认知上削弱了论证。通过引入概括性前提来解决特定个案的逻辑结构确实简单明了。但它在逻辑上的优雅掩盖了认知上的薄弱之处，因为概括往往是我们不知道或无法知道的东西。坚持将所有联导论证重构成演绎论证，其中所用的因素要通过补充的普遍前提才与结论相关联，这种看法没有充分的根据。

二、个例、关联和规则

无论是联导性推理还是个案推理，都不能完全遵循一般规则来处理。也许正是由于这个原因，这些推理方式一直被逻辑和哲学理论家们广泛忽视。理论建设和研究项目的空间似乎很小。到目前为止，理论家们所做的只是对它们做一些相当笼统的评论。系统化的可能性有多大仍然是个疑问。那些将一般规则视为正确论证前提的人会发现这种情况令人不安。这些论证肯定存在，尽管据称被要求的规则似乎并不存在。人们经常声称，任何价值判断——无论是在逻辑领域还是其他领域——都是基于规则的。没有规则，就没有可靠或不可靠、有效或无效、较好或较坏之分。如果这种说法是正确的，我们可能不得不承认，先验类比和联导论证不可能得到重要的区别对待。它们的存在充其量只会对逻辑和认识论做出负面贡献。

韦尔曼对这种观点进行了讨论。[13] 他反驳这种观点的依据是，判断客观内容的必要条件是要有一个独立基础，而至少在某种意义（弱的意义）上，那些没有普遍适用的有效性规则的论证也可以满足这个条件。也就是说，对"论证 A 是可靠的"断言，如果有某种东西既与该断言的真理相关，又独立于我们对它的信念，那么该断言的真假就是可以判断的。即使在缺乏一般规则的情况下。这个条件也可以在某种程度上得到满足，如果我们考虑 A 并发现其前提与其结论相关，并且足以证明该结论为真，这本身并不能保证它们确实如此。我们有检查自己正确与否的办法。根据韦尔曼的说法，这个办法是"再次深思"。对此事进行审慎和仔细的反思可以使我们改变主意。我们这样做并发现它是相关的。我们有时确实会改变主意，有时我们非常确定这样做是对的。

能说的就这些吗？也许不是。这个问题将取决于另外两个问题：首先，相关性判断是否可以通过理性裁决？其次，因素的"权衡"是否受任何一般方法原则的约束？有人建议，可以通过将因素应用于其他个案来检验相关性的判断。（例如，如果考虑到财产时，平等分配被视为正义，那么在惩罚或奖励的情况下也应该如此。）另一种可能性是，可以寻求评估正反因素的重要性的程序。这些可能性需要进一步探讨。韦尔曼可能没有把这件事做到极致。然而，即使他关于规则在联导性论证中有局限性的观点是正确的，这种局限性既不会表明这些论证不是一个真正的类型，也不表明它们在逻辑上从来没有说服力。

类比也是如此。我们可能会发现一个类比引人注目且令人信服，然后经过反思，发现与要点相关的个案之间的关键差异，并最终决定类比是错误的。或者，对更多可比个案的仔细审查可能会揭示我们最初没有注意到的其他因素的重要性。这样的过程不像形式或一般性规则的应用那样优雅和独立于人，但它存在并且胜于无。

反思平衡理论要求，有时对特殊事物的判断必须被作为对规则的检验。这一要求的前提是：在没有规则的情况下，也存在逻辑充分性这样的事情。作为对规则的检验，正如语言学、科学和伦理学中的许多理论所要求的那样，对特殊个案的判断必须具有其自身的逻辑可信度，而不依赖于规则。

出于多种理由，韦尔曼反对关于有效性必须是形式的并且必须依据形式规则来证明的观点。其中最突出的理由是形式规则最终依赖于非形式的、系统外的有效性判断。[14]

确实，有效推理的存在并不以任何派生规则的演算法的存在为前提，因为，比如说，那些被希尔伯特（David Hilbert）和阿克曼（Wilhelm Ackerman）形式化的推论，在他们发明这些逻辑系统之前就是有效的，就像三段论远在亚里士多德以前就有效一样。一个规律是，逻辑学家会构建他的演算来反映某种被公认为独立于他的系统的有效推理。当然，富有创造力的逻辑学家可以想出奇怪的逻辑，这些逻辑提出了新的有时甚至是奇怪的推理方式。但如果这些奇怪的逻辑变得太离奇，它们就不再被认为是逻辑，而只是某种类似符号游戏的东西。这表明，即使在这种情况下，我们对有效性的标准也超出和独立于任何未经解释的演算法的推导规则。

亚瑟·帕普（Arthur Pap）和苏珊·哈克（Susan Haack）等形式逻辑理论家都有力强调了这一点。有效性并非按定义就是形式有效性，前提和结论之间的合法联系不需要经过形式评估才能成为真实的。没有形式的甚至即使没有一般性的规则，也不等于不能对这些论证进行批判性判断。

假设我们有一个与具体论证相关的背景理论。该理论可能包括，比如说，对某些相关关系的法则、原则或规则的解释，而联导推理和个案推理根本地依赖于这些关系，那么这样的理论当然有助于评估这个具体论证。阿什莉（L. R. Ashley）和肖（William H. Shaw）在他们关于类比的文章中强调了这一观点，这也可能适用于联导论证。如果只是坚称某些事情就是相关某些事情就是不相关，当然是叫人不舒服的。[15] 为了捍卫这样的判断，就必须尝试解释它们之间的联系：一个完善的理论将有助于达到这一点。只要可以获得一般性的理论，它们就可以帮助支持这些论证。这样的背景理论可以是经验性的、规范性的或概念性的；重要的是它们涵盖了所讨论的现象，并得到广泛接受和充分证实。

如果接受这个观点，就有可能倾向于将类比和联导论证视为仅在知识不完整的时代才需要的临时拐杖。这似乎与阿什莉和肖的观点一致。如果我们对所有感兴趣的事物都有一般性知识，那么类比就没有必要了。根据这些作者的说法，只是因为我们没有这样的知识，所以类比和联导论证才必要。

我认为这样的观点不合理。它忽略了理论原则对具体情况的依赖性。它也忽视了类比推理在语言学习和使用中的关键作用。任何理论都无法完全避免需要先验类比推理的情况。为了确定一个新个案是否应该归入理论的法则或原则之下，我们必须将该个案与其他已经归类的个案进行比较和对照。我们仍然会通过纳入相关的类似个案来创建和学习语言。我们仍然会追求逻辑、法律、道德和行政等的一致性。个案推理是建立理论原则的关键阶段，建立之后，它仍然是应用这些原则的关键阶段。它不会被未来的全面性理论所淘汰。

关于联导论证也可以得出类似的观点。当前对理论可接受性的论述列出了几项关于理论的优点的条件。如果理论是经验性的，它们必须得到充分证实；它们必须具有解释力；它们必须与已经建立的理论一致；它们必须具有预测能力；它们必须简单；它们应该具有研究潜力（"富有成果"）。不同的科学哲学家对这个清单的罗列会有不同，并对其条目有不同的解释。但所有人都同意该清单有不止一个条目。相互竞争的理论在不同的标准上的表现几乎总有不同。因此，对一个理论的可接受性的论证必然是一个联导论证。对规范性理论也可以做出类似的评论：对理论的期望值将不止一种，竞争理论将以不同的方式满足这些期望值。对于道德理论，我们希望它对经过周全考虑的判断具有敏感性、内在的连贯性、易于讲授和便于应用。

关于竞争理论的各种优点的元理论论证将在很大程度上是联导性的。此外，在规范性和经验性理论被接受后，必然会出现新的无法由这些理论处理的个案。现有原则不会完全涵盖这些，我们将不得不尽我们所能处理它们：通过确定各种相关因素并查看它们如何累积，或者通过比较和对照新个案和标准个案。这意味着需要使用联导推理，并用联导论证来捍卫我们的结论。任何理论也无法消除这种需求。

作为非演绎的、先验的和特殊方式的论证，先验类比和联导论证是真实和重要的。它们不会消失。我相信威兹德姆和韦尔曼所说的很多观点都是正确的。他们的工作为认识论和论证理论增添了重要的内容。

参考文献

[1] Wisdom J. Moore's technique [M] //P A Schilpp. The Philosophy of G. £. Moore edited by LaSalle，Ⅲ. Open Court，1942.

[2] Baier K. The moral point of view [M]. New York：Random House，1958.

[3]［6］Scriven M. Reasoning [M]. New York：McGraw-Hill，1976.

[4] Thomas S N. Practical reasoning in natural language [M]. First Edition (Englewood Cliffs，N. J.：Prentice Hall，1973.

[5]［10］［13］［14］Wellman C. Challenge and response：justification in ethics [M]. Carbondale：Southern Illinois University Press，1971.

[7] Solomon E. The incest theme in wuthering heights [M]. Nineteenth Century Fiction，XIV（June，1959）.

[8]［9］Moore G E. Is existence a predicate? [M] // Philosophical Papers. London：George Allen and Unwin，1959.

[11]［12］E S Haldane，G R T Ross. The philosophical works of descartes，transl [M]. Cambridge，Eng.：Cambridge University Press，1968.

[15] Shaw W H，Ashley L R. Analogy and inference [J]. Dialogue，1983，22：415-432.

Conductive Argument: An Unreceived View about Reasoning and Argument

Trudy Govier

Abstract: This article traces Wellman's proposal and discourse on the conductive argument. Wellman regards it as the third type of reasoning independent of deduction and induction. Although Wellman's views on deduction and induction are controversial and flawed, the argument that provides balanced, cumulative, but non decisive support for conclusions through positive and negative considerations does exist and differs from deduction and induction. The scope of existence of the conductive arguments is wider than Wellman thinks, including economic, literary, philosophical and other arguments. By discussing the difference between conductive reasoning and other argumentations, this paper points out that conductive reasoning cannot be regarded as deductive ones that omits premise. The author opposes the view that conductive reasoning is only a temporary crutch, concluding that it is a true and important type of reasoning.

Keywords: conductive argument; informal logic; critical thinking

(本文原载于 Trudy Govier. Problemsin Argument Analysis and Evaluation, 1987, Updated Edition, Windsor Studies in Argumentation Volume 6, 2018. 经作者授权翻译并发表. Copyright © Trudy Govier. Translated and circulated with the permission of the author.)

ChatGPT 和批判性思维教育

董 毓

【摘 要】 人工智能工具 ChatGPT 的问世，对批判性思维教育提出挑战，特别是它能"作文"，给批判性阅读和写作教学的必要性打上问号。本文通过原理和实际写作例证的对比，论述 ChatGPT 不具备批判性思维在实践中求真、求理、辩证、综合等探究实证的能力，它们的目标和行为的差异是广泛和实质性的。而且，ChatGPT 的根本缺陷导致的风险使批判性思维教育甚至比以前还必要和重要。

【关键词】 批判性思维教学；批判性阅读；分析性写作；ChatGPT

一、由 ChatGPT 引发的问题

人工智能工具 ChatGPT-3.5 于 2022 年 11 月发布，迅速显示出惊人的能力。它可以理解人类题材广泛的各种问题，快速找到信息，组合符合人类习惯、有条理的回复，实现相当自然、流畅、有意义的交互对话。它的应用前景广阔，大家都纷纷谈论各种行业被代替的可能。在教育领域，尤其是它写文章、写代码、回答专业性问题的能力，给教育者带来震撼和困惑，比如它能"阅读"一篇文章，搜索信息，"写出"一篇符合规范、条理清楚、语句通顺、道理合适的分析性短文。这是很多学科学习的学期论文——那么，还需要我们教学生阅读和分析性写作技能吗？学生缺乏的这些能力岂不是就这样补上了？进一步的问题是：ChatGPT 能进行批判性思维吗？如果能，我们还需要教批判性思维吗？

随着更多的运用，ChatGPT 的特点和局限，开始得到更多展现，起初的"恐慌"开始退潮，而且，从事 ChatGPT 的业内人士还撰文指出，对那些需要科学和批判性思维的行业，ChatGPT 反而使科学和批判性思维更为需要。[1] 这和一度流传的 ChatGPT 可以代替教育、代替批判性思维的观念对立。

[作者简介] 董毓，男，华中科技大学创新教育和批判性思维研究中心，主要从事批判性思维、非形式逻辑和科学方法研究。

[基金项目] 重庆市高等教育教学研究项目"基于 ChatGPT 与批判性思维的'双向超越型'教育数字化转型实践研究"（项目编号：234076）。

二、ChatGPT 自身的机制和问题

首先，人们迅速意识到，ChatGPT 的第一大问题是不辨真假。它必须依赖输入到数据库（语料库）中的信息。当数据库或者搜索范围不包括具体问题的信息的时候，它的回复会是一般性、空泛的。如果输入的信息有假，它就可能会输出假信息。在有"公认""主流"意见但其实包含虚假信息的情况中，它容易产出虚假信息。而在有对立观点和信息、并难以判断真假的情况下，人们发现，它的回复会呈现混乱或套话，并无真正的对比、综合和判断。

这说明它对数据的搜索、归类、选择能力中，不包括依据实践独立辨别其真假的手段。这是它的固有缺陷，因为这是信息系统的天然性质。熟悉数据库处理数据质量问题的方式的人知道：当数据库中出现明显不一致时，比如我名下的现居地址在不同的表格中有不同，信息系统一般只能根据数据库中其他信息（比如表的时间）和一些原则来推测和标注哪一个更可能正确，而不会发封信来询问我，或者派人到某个地址去敲门核实。大型信息系统的数据清洗、标注的繁重工作，几乎不可能包括独立于系统的诉诸现实的核查手段。所以，ChatGPT 的这个缺乏底气的表现就很自然：当对话者告诉它的回复是错误时（有时是有意告诉它的，其实正确的回答为错），它会按照对话者的意思纠正，或者选择它的数据库中标为次优的回答，而它可能依然是错的。

这样的情况，在笔者的一系列测试中得到充分证明。问 ChatGPT "谁是董毓"，它回答是上海的知名企业家、电影制片人和慈善家。用"批判性思维""华中科技大学"等和董毓有关联的词来引导它搜索，依然得出虚假、错误的信息，它甚至称董毓曾捐款 2 亿元给华中科技大学。直到要求它搜索《批判性思维原理和方法——走向新的认知和实践》，它方能列出作者董毓的信息，但对该书的简介依然是有条理的编造。即使此后再次问它类似问题，除了抽象模糊的语句之外，一切有关董毓的职业、获奖、职务、作品等信息大多是编造的。对它也需要审核是为什么更需要批判性思维的原因之一。人们不会轻易丢掉工作也是因为它不可靠。

这说明在它的语料库中其实已经包括相关信息，但不能像谷歌这样的搜索引擎发现它。它在编造语句时完全不管其意义多么出格，它也不和语料库中的其他信息核对。

其次，问题也和它的"文字接龙"式的根本机制——通过在语境中的语用概率来选择下一个词从而造句——有关。即它依据语用（语言的用法习惯），而不是语义（语言的指称、意义和真假）来选择词。比如它选择用"睡觉"接上"关灯"一词，是因为语用中它们最习惯相接，而不是因为知道"关灯—形成黑暗—分泌褪黑素—引起睡意"的生理机制。

训练 ChatGPT 的语料库包含人对语词在各种语境中的使用习惯。在"你现在应该关灯"的语境中，可选择的下一个词中"睡觉"的一般概率最高（类似的还有上床、睡眠等，每次选择有一定随机性，可给人不同的、有新意的回答）。ChatGPT4.0 的重要改进之处，是包括更多的前面的语句来决定语境。如果"你现在应该关灯"之前的语句有"喜欢独自冥想"的意思，那么后面的"思考"一词概率更高。如果之前的语句有"喜欢观察星空"的意思，那么后面更可能跟着"仰望"这样的词。

训练 ChatGPT 就是对语料库中各种语境中各种语词出现的概率进行识别、标记，相应构造模型，填补缺失空白，并不断测试和修改，从而完善 ChatGPT 构造符合人的语言习惯的语句的基本机制。

三、ChatGPT 的局限性

可见，ChatGPT 是基于语境中的语用习惯、行为习俗和立场而构造的定式化程序，不是依据客观现实的机制和逻辑的推理。它包含着一些专业知识和逻辑规则，其构造的文本符合专业规范，遵循正反论证的要求，对不会写作的学生，对遵守标准的逻辑/数学规则和知识解决问题的人，颇有帮助。但它的局限性是明显的，从上面测试可知：

- 不辨真假：它假定训练的语料库为真。
- 不理现实：它不独立接触、反映当下现实。
- 无关因果：仅基于语用概率，而不是根据实际的因果关系来构造语句。
- 不管自洽：不核对自己语料库其他信息来确定语词的合适性。
- 不予理解：不理解构造的语词的意义，更别说进行评估和综合。
- 不善搜索：不能准确找出语料库已有的信息，它在探究上不能代替搜索引擎。
- 单向连续：只能向前猜测下一个语词，无法回头调整和重构已构成的语句。
- 更新被动：要跟上现实的语词和用法的发展，需要改造或构造新语料库。
- 不能评判：既然没有理解，也就无法对评估词推导合适性。
- 不能综合：既然无法回头考察，也就无法进行整体的考虑来判断。
- 不能跃进：虽然能很好遵循逻辑、数学规则，但难以解决非线性、复杂问题。

即使在运用逻辑、数学规则来解决问题时，它也不能对推理步骤做出批判性评估。它不能进行非线性的创造性、具体、复杂思考，比如提出科学假说、新的解决方案或哲学思想论述。

ChatGPT 的这些局限是根本性的——如果它不能依据现实对信息进行甄别，无法进行客观的辩证和综合，只能根据语用习惯的反馈来优化模型，依赖定式化的原则、标准和立场倾向等情况不变，它将难以仅靠数据库、算力、模型的升级来改变这种无力。前述的对 ChatGPT-4 的测试显示了这一点。

四、ChatGPT 与批判性思维

所以，ChatGPT，一不能评估、二不能综合、三不能反思、四不能创造（虽然在提示下它可以产生一些不同的甚至奇异的词语组合）——它不认知现实。

ChatGPT 构造的论文，能比一般学生更快收集到较多信息，其文章格式也符合规范。它的合适性要看情况。对一般性的议题，比如"如何帮助一个女生找到男朋友"，它找到多项指导性的意见并归类回复。比如参加更多社会活动，运用交友 App，参加社交团体，请朋友介绍，自我改善，开放心态，耐心等。你可能觉得这些够了。但如果问题更具体，需要涉及的信息数据库还没有，比如，如何帮助中国的 35 岁女子某某找到男朋友，它就完全重复对前面一般性问题的回复，只是去掉"耐心"一项。

如果还需要像批判性思维那样，根据现实考察信息的可信性，在问题背景中判断信息的相关性和充足性，比较对立信息和观念的多方性质的优劣，探究新信息来发展综合判断等，它就做不到了。所以，学生用 ChatGPT "写"分析性文章，或许按照议题和教师的标准，可以满足课程要求，但不会包括深度解读和认知评估的内涵。它不是一篇批判性思维的文章，学生没有达到学习批判性阅读和写作的目的。

批判性思维，本质上是一种以求真为首要目标的主动和仔细的思维过程——这个过程被概括为探究和实证，并被"批判性思维路线图"表述,[2] 即（1）从问题/议题的确定开始，进行问题和论证的分析；然后（2）从问题、概念、证据、推理、假设和辩证这六个方面对论证和信息进行探究和评估，以便选择和综合从而得到最好的认识或者判断。

批判性思维不会受限于任何定式。它追求现实的新信息，辨别信息真假，评估、对比和综合各方观念和论证，构造和创造替代观念等。而且它会审视自我和任何标准、观念和模式（元思考）。

批判性阅读和写作，就是这样的探究实证过程。批判性阅读分为分析理解和评估判断两大阶段，分析理解就是上述的（1）阶段，而评估判断就是（2）阶段，由此而进行判断和发展的思考。

这样，批判性阅读是一个发掘文本的深层意义和基础、确立认识性质（真假）的活动。批判性的分析性写作，就是在这样的批判性阅读的基础上进行有条理的表达。批判性思维的教学目的，是训练高阶的认知能力，以培养能创新的科技人才及能独立思考、理性明辨的公民。

这些不是 ChatGPT 能做到的，也不是它的目的。批判性思维能力依然需要我们来培养。

五、ChatGPT 的"写作"例证

在我们的批判性思维课程中，批判性阅读和分析性写作，既是技能训练的目标，也是中心手段。课程设计是，在课程开始，学生被要求对一篇报刊文章写一篇分析性文章。然后，在课程中学了技能后，学生对此文章再写一次分析性文章，以此来检测和强化学习。

在 2023 年春季学期，我们选的报刊文章，节选自《洛杉矶时报》发表的《要有黑暗》(*Let There be Dark*),[3] 它论述自然的黑暗对人和生态的必要性，反对夜晚越来越多的人工光。选取这篇文章的理由：一是它是真实文本，被看作是有力和有趣的说服性文章；二是它已被美国一些写作和考试培训机构用作范文教分析性写作，所以已经有关于它的分析论述可以被搜索（有些是部分，全文需要付费）。这一点对我们的目的有意义。如果运用 ChatGPT 来写一篇对它的分析性文章，可以考察 ChatGPT 对已有信息的搜索和整理成文的情况，然后来对比通过批判性阅读写出的分析性文章，看后者是否做得更好。

我们先用英文问 ChatGPT（write an analytical paper on Let There be Dark），它的回答见图 1。然后用中文再问一遍：对文章《要有黑暗》写一篇分析性文章。它的回答基本是英文回复的翻译。

> write an analytical paper on Let There be Dark
>
> "Let There be Dark" is an article written by Paul Bogard that explores the effects of artificial light on the environment and human health. In this paper, I will provide an analysis of the article, including the author's argument, supporting evidence, and effectiveness in persuading the reader.
>
> The main argument of the article is that the overuse of artificial light in our modern society is negatively impacting the environment and human health. The author contends that this is due to the disruption of the natural day and night cycles that have been in place for millions of years. He points out that the exposure to artificial light at night has been linked to various health issues, such as sleep disorders, depression, obesity, and cancer.
>
> Bogard provides ample evidence to support his argument, including studies on the effects of light pollution on wildlife, the impact of artificial light on the circadian rhythm, and the correlation between exposure to light at night and increased risk of certain diseases. He also cites examples of cities and organizations that have implemented measures to reduce light pollution, such as turning off unnecessary lights and using more efficient lighting systems.
>
> In terms of persuasion, Bogard effectively appeals to the reader's emotions by using descriptive language to paint a vivid picture of the beauty and importance of the night sky. He also uses personal anecdotes to make the issue more relatable to the reader, such as his experience of seeing the Milky Way for the first time in a dark sky park.
>
> However, one potential weakness of the article is that it may not address the economic benefits of artificial light, such as increased safety and productivity. It also does not provide a comprehensive solution to the problem of light pollution, such as how to balance the need for artificial light with the negative effects it has on the environment and human health.
>
> In conclusion, "Let There be Dark" is a well-written article that raises awareness about the negative impact of artificial light on the environment and human health. The author's argument is supported by strong evidence, and the use of personal anecdotes and emotional language effectively persuades the reader to consider the issue. While the article may not provide a comprehensive solution to the problem of light pollution, it serves as an important call to action for individuals and organizations to reduce their use of artificial light and preserve the beauty and health of our natural environment.

图 1 ChatGPT 的回答

《要有黑暗》是 Paul Bogard 撰写的一篇文章，探讨人工光对环境和人类健康的影响。在本文中，我将提供对该文章的分析，包括作者的论点、支持证据以及说服读者的效果。

文章的主要论点是我们现代社会对人工光的过度使用对环境和人类健康产生负面影响。作者认为这是由于破坏了数百万年来一直存在的自然昼夜节律。他指出夜间接触人工光与多种健康问题有关，如睡眠障碍、抑郁症、肥胖症和癌症等。

Bogard 提供了大量的证据来支持他的论点，包括对光污染对野生动物的影响的研究，人工光对昼夜节律的影响以及夜间接触光线与某些疾病风险增加之间的相关性。他还引用了一些城市和组织实施减少光污染的措施的例子，如关闭不必要的灯光和使用更高效的照明系统。

在说服方面，Bogard 通过使用形象生动的语言，绘制出夜空的美丽和重要性，成功地引起了读者的情感共鸣。他还通过个人故事使问题更贴近读者，比如他第一次在黑暗天空公园看到银河的经历。

然而，这篇文章的一个潜在弱点是它可能没有涉及人工光的经济利益，如提高安全性和生产效率。它也没有提供一个全面的解决方案来平衡人工光的需求和对环境和人类健康的负面影响。

总之，《要有黑暗》是一篇写作精良的文章，它提高了人们对人工光对环境和人类健康产生负面影响的认识。作者的论点得到了有力的证据支持，个人故事和情感化的语言成功地说服了读者思考这个问题。虽然这篇文章可能没有提供一个全面的解决方案来解决光污染问题，但它作为一个重要的呼吁行动，要求个人和组织减少对人工光的使用，以保护我们自然环境的美丽和健康。[4]

作为对比，我们将同样要求用中英文在网上搜索。谷歌的第一页就列出一些写作及 SAT 教培公司和教育机构的文章链接，如 Bartleby.com 的 *Analysis Of Let There Be Dark By Paul Bogard*；[5] 伊利诺伊州教育局（The Illinois State Board of Education）的范文 *SAT Essay Rubric and Sample Essays*；[6] 以及其他 5 家机构的文章链接。

可以推测，这些文献，已包括在 ChatGPT 训练依据的 2022 年前数据库中。阅读它们，再和 ChatGPT 的输出对比，并以批判性阅读的眼光看，有下面这些发现。

第一，ChatGPT 的确搜索到一些现有的内容并整理呈现出来。它按照主题—立场/论断—证据—说服的手法，以及评估和结论的分析论文的典型模式来构造这篇文章。它的一个超出正面叙述的地方，是指出原文没有涉及人工光的经济利益。论述反面立场，是分析论文的一个要求，在笔者阅读的现有范文中没有找到（或是因为它们主要是分析和欣赏，或是因为仅部分可供搜索），如果它是根据模式要求自行加上去的，那么它做得不错。当然人工光的好处远不止经济一点。

第二，它的不足也很明显。除开提到经济好处这一点，它没有超出现有文献（它们要更为细致和全面），却完全缺失原文和文献中关于光影响人的精神生活的整段叙述。它也没有改变现有文献专注的角度：情感故事和文学手法构成的说服力。它不是认识论角度的论证分析。显然，数据库制约是其上限，它无法超越已有文献的质量、局限和偏向；或因篇幅限制，它更粗略。

第三，ChatGPT 对该文论证的叙述，缺乏客观的逻辑性。文章主要论证自然黑暗的价值，论述光的负面影响，要求保护黑暗。这样呼吁行动的文章，重头还是论证其理由。ChatGPT 叙述文章的"主要论点是我们现代社会对人工光的过度使用对环境和人类健康产生负面影响"，这个不错。但文中提到一些城市"关闭不必要的灯光和使用更高效的照明系统"的例证，其实和这个主要论点无关，而是和呼吁行动有关。ChatGPT 还指出"它也没有提供一个全面的解决方案"的不足，但这和主要论点及目的也无必要关系，所以这种批评有吹毛求疵之嫌。可见，ChatGPT 在数据库中选取与主要论点相关的内容上，出现脱节和错位。这或许是因为 ChatGPT 无法用语义和客观的方式判断论述的真假和相关性。

第四，同样因为如此，ChatGPT 未能辨别出文中的概念和推理等问题。比如文章的关键概念"黑暗"，其实在"真正的黑暗"（林中小屋）和"半黑暗"（星空、海滩上的晚会）之间摇摆。虽然是一个词，却微妙地指称不同的性质。或许因语境和用法信息简略，ChatGPT 未能体会这种差异。只有读者运用语义的方式——在头脑中感知和思考语词在不同语境中指称的对象，才会体会所代表的不同光亮的夜景的差别，才会体会代表的关键缺失——意义模糊和变换削弱了论证：作者论述"真正黑暗"的好处的一些证据，比如也是因为有光才美好的夜生活，其实不能算证据。

第五，自然，它也没有进行批判性阅读的六个方面的探究、评估和综合——这不是它的功能。所以，和其他的分析文一样，它称赞"《要有黑暗》是一篇写作精良的文章""作者的论点得到了有力的证据支持"等。

顺便提一句，我们用 ChatGPT 分析一篇没有现成分析文献的文章，发现它取标题中的关键词来搜索信息，结果，因为标题文字的隐喻差异，它输出的和被分析的文章内容完全错位。①

六、进行批判性阅读的分析和探究

现在我们就来对这个文本进行批判性阅读。按照程序，先分析理解文本的主题、立场和论证。它的论证结构不复杂。议题是现在越来越多人工光对生态是否好，作者的立场是不好。文章有两大论证分支，一个是论述世界到处在变得更亮，这个趋势令人忧虑，所以需要采取行动扭转。

另一个分支就是论证理由：黑暗有重要价值。作者从三个方面进行论述：① 黑暗对人健康的价值（产生褪黑激素需要；睡眠需要；夜班和癌症的关系等研究）；② 对人的精神、美学价值（作者童年对星空的美好记忆；黑暗对人产生宗教、哲学、艺术思考的激励等）；③ 对生态的价值（动物生息的需要，比如鸟、蝙蝠、海龟等在夜中生息和迁徙被光亮干扰等）。

通过这样的论证分析，理解了作者要维持自然的黑暗的理由。阅读的第二阶段是评估判断，即从那六大方面来评估论证的合理性，判断结论的可信性，并提出可能的修正和发展。

批判性阅读也要有探究，才能公平全面地评估他人的论证。探究包括这个议题涉及的关键概念、正反观点、双方的证据和最新信息等。

"光污染"是一个关键的概念，我们通过百度百科，了解到光污染主要包括白亮污染、人工白昼污染和彩光污染。在日常生活中，人们常见的光污染的状况多为由各种光所导致的行人和司机的眩晕感，以及夜晚不合理灯光给人体造成的不适感，等等。[7]

---

① 2023 年 3 月，我们用 ChatGPT-4 同样分析《要有黑暗》，除了细节，未有真正变化。它不再提光的经济好处，依旧不提精神影响，却加上原文没有的"社区流失和社交结构破裂"影响。重复测试时它常出错：它以关键词分析，称该文主题是探讨"创作中黑暗元素重要性"或"黑暗和负面情绪"对人生的意义。

褪黑素是文中的一个重要证据，维基等报告介绍它的制造机制是：人眼睛的视网膜感知环境中的蓝光亮度，发出光暗信号并传递给松果体，令其在黑暗中制造褪黑素。[8]

2018年，《自然》杂志有一篇综述报道，描述了已有的研究进展，帮助我们进行全面了解。[9] 2023年，《自然综述-神经科学》杂志的题为《光线抑制新陈代谢》的最新研究报道，揭示这样的影响机制：光通过激活视网膜神经节细胞（ipRGC），降低棕色脂肪组织（BAT）的产热作用，从而影响葡萄糖代谢，测试表现是光照条件下葡萄糖耐量（GT）较黑暗中的更低。而如果阻断视网膜神经节细胞的功能，光就不会影响GT。[10] 这也表明，闭上眼睛GT就不会受影响。

此外，我们也读了2014年一篇包含支持人造光的观点的文章：《夜间人造光的好处和成本》，[11] 它强调了人对光的各方面需要，提供了对立面的视角。

七、批判性的评估论证

完成了分析和探究，现在可对论证进行问题、概念、证据、推理、假设和辩证六大方面的评估。

先确定所讨论的问题：保存自然黑暗的必要性以及人工光对此的危害。那么，要论证的关键子问题是：什么样的人工光有什么危害，危害有多大，是否不可避免，是否抵消了正面作用等。

文章有严重的概念问题。"黑暗"，在文章中首先是那种伸手不见五指的"自然""真实黑暗"（real darkness），作者称现在的夜晚不够黑。但用来证明"真实黑暗"的好处的例证，其实是有光的黑暗比如星夜等。它的"光的危害""被电光淹没"等说法也是模糊、多义的。例子既包括属于光污染的"炫光"，也包括原来很黑但现在几乎都被光"覆盖"的乡村——很可能就是有些路灯了。任何局部、普通的人工光当然有"影响"，但并不等于灾难性的。"光污染"之所以不好，不一定是冲淡了"真实黑暗"或是因为人造，而是因为它的过度对眼睛产生过强干扰等情况。太阳光也可以这样。所以，光的影响和危害，是两个概念，但文章证明光的危害的例证常常就是有了光。

除开概念混淆引起的论证问题，文章对上述的关键子问题没有提供足够证据。人和动物在夜晚休息的事实并不是证明全黑的夜晚必要的证据。动物是否需要"真黑的夜晚"才能生息和迁移？对树林、洞穴、海滩的动物在真黑、月光、灯光、白昼等条件下生息的不同情况，并无细致、综合的研究。"光亮过多产生负面影响"的判断是否言过其实？或许现在全黑的地方少了些，但它的减少有多严重、有多危害——它们是否到了那种光污染程度？如果不是，那么有什么证据说明它们严重且必须消除？这些证据均不足。研究称1/10陆地有光，但天空云反射的光并无证据有影响。[12]

文中的一些关键推理也不成立。关于光影响褪黑激素制造（因而增加癌症可能）、影响新陈代谢的研究表明，这是需要光照到视网膜才产生的，[13][14] 那么闭上眼睛、关上窗帘或戴上眼罩，即使有路灯或是白天也不影响睡眠、制造褪黑激素或新陈代谢——人也就是这样在白天休息的。所以"我们的身体需要黑暗来睡眠"的结论有模糊和误导性，眼睛需要黑暗不等于需要黑夜。甚至有的人反而需要适度的光才能入睡。关于夜班与某些癌症发病率的增加的研究并无因果关系定论。至于床上看电脑、手机，难道这不更是因为人不想闭上眼睛？它不能帮助推出"睡眠太短的一个主要原因就是光太多"的结论。推理的另一个问题是证据和结论不匹配。人们研究了路灯吸引昆虫飞来撞死、路灯对植物生长等影响，但研究也表明这些依然是局部和有限的。[15] 文中的归纳推理很薄弱。

文中依赖许多有问题的隐含假设。比如：动物睡眠、生存和繁殖必需（真）黑的环境；人工光会不断扩展；动物生态需要保持原样它们才能生存；动物不能适应人工光，等等。没有理由假定人会到处安装路灯。蝙蝠栖息地一定需要固定不变吗？就是有光的1/10陆地，也不等于没有黑暗供动物适应。研究也提到，鸟可以轻易躲进树叶下避免路灯（想想城市的鸟）；蝙蝠也可以到洞穴更深处避光。鸟和海龟或因为光而可能迷失迁移方向，但它们随后不能适应并找到方向吗？[16] 环境变化和生物的适应发展，一直是恒久的自然过程。

另外，文章推荐的那些减光的措施真的是可达到（保留真黑）目的、没有替代、副作用较小的最佳措施吗？一个潜在的疑问是LED灯白光多，虽然节能，研究认为反而比红光更影响蝙蝠，所以它不应该是最佳手段。[17]

最后看一下文章的辩证性。比较和权衡人工光的正反作用对达到合理结论很必要。人对人工光的需要包括工作、社交、休闲、娱乐、防治犯罪、车辆行驶、美学效果、医疗作用等等。[18] 它们的作用很重要。因为路灯吸引昆虫所以应关掉它吗？人长期处于全黑中是更能产生思想升华还是恐惧？片面论证黑暗的价值，要求减少人工光，可能带来负面影响。

完成了这些评估，现在可以做出和ChatGPT及其他分析文十分不同的综合判断：虽然同意消除光污染定义的危害，也同意应消除光的浪费，但因为概念混淆、缺乏证据、言过其实、假设无据、片面强调的论证缺陷，文章未能证明，不属于那种光污染的人工光，也会产生确定的、不可解决的危害；它更没有成功论证那种自然的黑（极黑）是人和环境所必需的。

八、小结

可见，批判性思维教育，包括批判性阅读和写作，远远超过当前ChatGPT达到的范围、深度和性质。更重要的是它训练那种基于实践的探究和正反辩证综合的认知能力，我们需要教师专门教学生去探究，应用批判性思维来进行具体的分析、评估，并组织论证和写作。

参考文献

[1] Tyna Eloundou, Sam Manning, Pamela Mishkin, et al. GPTs are GPTs：an early look at the labor market impact potential of large language models ［EB/OL］. https：//arxiv.org/pdf/2303.10130.pdf.

[2] 董毓. 批判性思维原理和方法——走向新的认知和实践 ［M］. 2版. 北京：高等教育出版社，2017.

[3] Paul Bogard. Let there be dark ［EB/OL］. https：//www.latimes.com/opinion/la-xpm-2012-dec-21-la-oe-bogard-night-sky-20121221-story.html.

[4] ChatGPT-3.5回答董毓问题：对文章"要有黑暗"写一篇论证分析文[EB/OL]. https://chat.openai.com/chat.

[5] Bartleby Research. Analysis of Let There Be Dark by Paul Bogard[EB/OL]. https://www.bartleby.com/essay/Analysis-Of-Let-There-Be-Dark-By-PKTQ2BEWYLP.

[6] The Illinois State Board of Education. SAT essay rubric and sample essays[EB/OL]. https://www.isbe.net/Documents/ELA-Teacher-Imp-Guide-pages-87-96.pdf.

[7] 百度百科. 光污染[EB/OL]. https://baike.baidu.com/item/光污染?fromModule=lemma_search-box.

[8] 维基百科. 褪黑素[EB/OL]. https://zh.wikipedia.org/wiki/%E8%A4%AA%E9%BB%91%E7%B4%A0.

[9][12][13][15][16][17] Aisling Irwin. The dark side of light: how artificial lighting is harming the natural world[EB/OL]. https://www.nature.com/articles/d41586-018-00665-7#correction-0.

[10][14] Katherine Whalley. Light dampens metabolism[EB/OL]. https://www.nature.com/articles/s41583-023-00680-2.

[11][18] Kevin J. Gaston, Sian Gaston, Jonathan Bennie, et al. Benefits and costs of artificial nighttime lighting of the environment[EB/OL]. https://doi.org/10.1139/er-2014-0041.

ChatGPT and Critical Thinking Education
Dong Yu

Abstract: The artificial intelligence tool ChatGPT challenges the education of critical thinking, especially its ability to "write", which raises questions about the necessity of critical reading and writing teaching. Through the comparison of principles and actual writing examples, this paper discusses that ChatGPT does not have the ability of critical thinking to seek truth, reason, dialectics, and synthesis in practice, and their differences in goals and behaviors are extensive and substantial. Moreover, the risks caused by the fundamental defects of ChatGPT make critical thinking education even more necessary and important than before.

Key Words: critical thinking education; critical reading; analytical writing; ChatGPT

是否存在非形式逻辑的方法

汉斯·汉森（著）　李慧华（译）　谢芹（校）

【摘　要】 本文讨论了解决一个与自然语言论证评估相关的实践问题，即如何确定其逻辑强度。对这一问题的探讨将引发形式逻辑与非形式逻辑之间的比较：这两种途径究竟哪一种更适合评估自然语言论证（NLA）的逻辑强度？有人强烈主张非形式逻辑最适合这项工作，或者至少和形式逻辑平分秋色。可能的确如此，但是该如何确定这个问题呢？我们开发了一个框架，可以为回答这些问题提供一些指导。

【关键词】 自然语言论证；逻辑强度；非形式逻辑；形式逻辑；论证评估

想象一下，你获得了一笔资助，围绕当前感兴趣主题的论辩（argumentation）进行研究，例如，论证（argument）关于是否应该不受限制地建造能源生产风车，或者你的国家是否应该卷入一场海外战争，又或者我们是否应该吃转基因食品。你想知道在特定时间内，各种信源（报纸、网站和广播节目）中关于该主题的所有不同论证，无论是支持的还是反对的。你不仅想知道给出了什么样的论证，也想知道哪些论证好，哪些不好。但是你不能独自完成所有这些工作。你需要他人的帮助。

此时，研究生们加入了进来。其中一位正在写关于科尔凯郭尔的论文，另一位在研究社会正义观的概念，还有一位在探讨关于私人语言论证。作为研究生，他们的智力和责任感毋庸置疑。然而，这些学生中没人在自然语言论证分析或评估方面受过专业训练，或具有相应背景，至少对那些缺少哲学训练的人是如此。因此，既然院长已经告诉你，如果想获得资助，便必须使用助手。现在你会面临一个实际的问题：如何让这些人做好准备，以帮助你展开研究？

我将用这个故事作为一种激发和引导讨论的方式，讨论与自然语言论证（natural language arguments）评估相关的一个实际问题，即如何确定它们的逻辑强度（logical strength）。要探讨这一问题，就需要比较形式逻辑（formal logic）与非形式逻辑（informal logic）这两种途径（approach）中的哪一种最适合评估自然语言论证（NLA）的逻辑

[作者简介]　汉斯·汉森（Hans V. Hansen），男，加拿大温莎大学（University of Windsor）哲学系教授兼推理、论辩与修辞学研究中心（CRRAR）研究员。汉森教授是非形式逻辑与论证理论领域的著名学者，他的研究聚焦于逻辑与论证理论的相互作用。

[译校者简介]　李慧华，女，现居加拿大，主要从事逻辑与批判性思维的教学与研究；谢芹，女，中国政法大学，主要从事二语习得、批判性思维教学设计和跨文化交际等方面的教学与研究。

强度？有人强烈主张非形式逻辑最适合这项工作，或者至少和形式逻辑平分秋色。也许如此，但我们该如何确定呢？如果回答一种途径好于另一种途径，则需要提供什么样的正当理由呢？下面，我们将开发一个框架，为回答这些问题提供一些指导。

"逻辑评估"（logical evaluation）的概念是模糊的，因为有些人广义地使用它，认为它既包括对前提的评估，也包括对前提-结论之间关系的评估；而其他一些人则狭义地使用"逻辑评估"，仅指对前提-结论之间关系的评估——也就是说，在假设前提能够接受的情况下，评估前提在多大程度上足以推导出结论。为避免混淆，我使用"推论评估"（illative evaluation）一词来指称对论证（argument）或推论（inference）中前提-结论之间关系的评估。于是，我们关注的一般问题是，如何确定论证的推论强度（illative strength），以及如何证明我们的推论判断是正确的？我们正面临的实际而更为迫切的问题是，确定一种可行的推论评估方法。这种方法对于我们这群助手来说很容易学习，并使他们能够以简洁的顺序汇报他们正在学习的论证的推论强度。

一、形式逻辑的优点

形式逻辑的优点有很多。其中之一是它聚焦于前提-结论之间的关系，忽略了前提可接受性问题。诚然，形式逻辑教科书引入了可靠性论证（sound argument）的概念，即演绎有效且前提真的论证。但引入这一概念通常是因为作者想要区分对逻辑的诉求和对逻辑之外的诉求。事实上，形式逻辑对于前提问题并没有太多的论述，只是提供了一个宽泛的三重分类，将它们分为必然真命题（逻辑真）、必然假命题（逻辑假）和可能命题。前两种命题是形式逻辑学家、哲学家和数学家感兴趣的（形式系统的前提（公理）必须是逻辑真理），但其他人几乎不会对它们感兴趣，因为 NLA 的前提大部分是由可能命题构成的。形式逻辑无法评估可能命题的真假，这就是为什么形式逻辑教科书没有判定这类命题真假的练习。因此，形式逻辑意识到，它通常不能把宣判前提的可接受性列入其业务范围。同时，它真正的关注点必须被限制在推论性问题上，而不是对论证进行广义的逻辑评估。这并不是说，形式逻辑学家对前提可接受性没有看法；当然，他们有自己的看法，但这些看法并不属于他们所信奉的形式逻辑范围内，它们是额外添加的。因此，我们不应该对此感到惊讶，至少自 19 世纪以来，人们更喜欢将逻辑等同于研究和评价前提-结论关系，并将其与前提问题分离开。沃特利（Richard Whately）在 19 世纪 20 年代写道，"逻辑学的规则""与前提的真假无关；当然，只要它们是先前论证的结论即可"。[1] 大约 175 年后，斯科姆斯（Brian Skyrms）表达了几乎同样的观点，他写道，除非特殊情况，"判断论证前提的真假不是逻辑学家的职责"[2]。①

许多非正式逻辑学家认为他们学科的实际任务是进行广义上的评估论证，因此非形式逻辑包括前提问题和推论问题。我认为这会造成一种我宁愿形式逻辑避开的困境。因为，

---

① 安杰尔赞同这一观点，他写道："传统逻辑本身并不太关心理由的可接受性；主要关注的是对论证联结词的分析和评判。"参见 Angell R B. Reasoning and Logic [M]. New York: Appleton-Century-Crofts, 1964.

任何超出熟悉或常识范围的前提可接受性问题，都必须与特定学科的同仁联合起来，例如历史、政治、经济学、生物学、统计学等学科，还包括更一般性的学科，如认识论、科学哲学、修辞学和辩证法研究。通常，在 F 领域受过专业训练的人比逻辑学家更能判断 F 领域的陈述是否可以接受。值得肯定的是，非形式逻辑学家一直倡导前提的标准必须是可接受性而不是真实性，尽管如此，非形式逻辑几乎没有任何办法来确定前提是否真正满足可接受性的标准。因此，非形式逻辑规定，论证的前提必须是可接受的（例如经济学论证的前提），而不需任何手段来确定它们是否可以接受。对于 F 领域的前提判断，最终必须由该领域的专家或者恰好是 F 领域的非形式逻辑学家做出。因此，在前提性问题上，非形式逻辑学家并不比形式逻辑学家更有优势。反过来说，判断特定领域前提可接受性的专家们，并未研究过如何评估推论性关系。我并不是说他们在做推论性判断上没有辨别力。他们遵循其领域中隐含的标准，但他们对推论之优质性（illative goodness），或如何确定推论之优质性的实际问题并没有专门的研究。因此，我倾向于使用狭义上的"非形式逻辑"，与形式逻辑的研究范围形成对应，这样它只关注与推论评估相干的问题。

我们将会看到，非形式逻辑的确有助于评估前提，因为它可以检测不一致性、模糊性或歧义性——所有那些削弱前提集的东西。的确如此，但这些方法都适用于否定评估。前提在逻辑上可能没有问题，但还不足以说它们是可接受的。通过了这种测试只意味着前提在语义上并非不可接受的，但并不表明它们符合可接受性标准。因此，正如在论辩研究中被广义理解的那样，非形式逻辑没有对前提进行正面评估的方法。

该困境的另一尴尬之处是，如果非形式逻辑是包括前提评估在内的评估论证工具的话，那么，它必须把自身限制在非常狭窄的论证研究范围内——那些前提属于常识或"日常（经验）"，或根本不需要专业培训或知识的论证中。也许存在一个这样的知识领域。然而，如果非形式逻辑被限制为仅处理具有这种前提的论证，那么非形式逻辑的适用范围将是有限的，使之既无太大乐趣，又无太大价值。

因此，我们面临的困境就是：要么非形式逻辑不适用于基本语义批评（模糊性、歧义性、不一致性）以外的任何类型的前提评估，要么其应用范围仅限于常识性前提。如果这样的话，非形式逻辑将非常受限，以至于失去任何实际意义。这是把前提评估作为非形式逻辑的一部分所包含的两个令人沮丧的后果，而明智的做法是将非形式逻辑限制在推论评估的范围内。用我提议的方式缩小非形式逻辑的范围并不会降低论证评估的重要性。论证评估是一项更大的工作，它对范围较小的推论评估领域赋予了重要的意义。然而，通过将非形式逻辑缩小到只处理推论性议题，有利于让我们自己与其他论证评估途径（如修辞学和辩证法的途径①）区别开来，由此建立一个独特的研究领域；同时，我们还可为其与形式逻辑进行平等比较奠定基础。

现在让我们考虑形式逻辑的其他优点。形式逻辑不仅重视概念的清晰性（基本概念数量不多且定义明确），还致力于使推论评估的方法清晰和透明。已经存在一些不同的形式逻辑方法并附有详细说明，例如真值表法、真值树法、范式法、文恩和欧拉法、自然演绎

---

① 论证评估的修辞学和辩证法途径都包含了前提可接受性的标准。

法等等。① 所有这些方法对推论之优质性都持有相同的观念标准，即演绎有效性。然而，关于形式有效性的判断很少通过直接诉诸观念标准做出判断，而是通过对照某个操作标准对论证进行检验。真值表有效性——仅当最后一列的取值都为 T 时，一个论证是真值表有效——就是这样一个操作标准，形式逻辑的每一种方法都拥有服务于观念标准的自身的操作标准。形式逻辑的各种方法（用以检验有效性）实际上都是用来确定一个论证是否满足推论之优质性的操作标准。真值表法由一套可操作标准（最后一列取值应该都是 T）、一个概念集（例如，常元的真值函数定义）和一个技术集（例如，如何构造真值表，如何计算最后一列的真值等）构成。使用这些技术是为了检测是否满足操作标准。如果得以满足，那么观念标准也得到了满足。形式逻辑的其他方法具有类似的分析结构。

形式逻辑的推论方法有许多，但在接下来的内容中，真值表法将作为形式逻辑的方法代替所有这些方法，以便与非形式逻辑进行比较。与非形式逻辑的异同之处，同样也可以用任何其他形式逻辑方法加以说明。②

对 NLA 进行推论评估的形式逻辑方法之所以具有吸引力，有几方面的原因。其一，它能帮助我们应对难题，即那些接近我们直觉能力边缘或超出直觉能力之外的情况。然而，最重要的是，与形式方法交织在一起的是对这个问题给出令人满意的答案："什么使得一个论证在逻辑上是好的？"将逻辑形式假设为推论之优质性的源泉，符合我们通过表象寻真相、透过论证的表层语法找到深层结构的哲思冲动。因此，将自然语言论证（NLA）转换为形式语言论证（FLA），利用一种形式逻辑的方法对 FLA 进行推论评估，然后再将我们的发现扩展到原初的 NLA，这似乎是一个好方法。但是这种推论评估 NLA 的方式受到了批评。

其中的一个原因是有时很难找到与 NLA 等效且适宜的 FLA。此外，一些 NLA 的推论强度可能无法在相应的 FLA 中捕捉到，从而导致出现目标论证被错误评估或低估的缺点。而且我们的形式逻辑只针对适用于演绎标准评估的论证出现，但人们普遍认为，并非所有的论证皆属这种类别。例如，它们中的一些论证，用推论强度的归纳标准可以被更加合理地评估。另外，形式逻辑只能给出"有效"或"无效"的判断，所以，我们永远无法借之得出关于推论强度的中间判断，如"相当好，但可以更好"这样的判断。直觉告诉我们，这更适用于对许多 NLA 的推论强度进行描述。最后，形式逻辑需要大量学习，可能需要六个月到一年的时间来熟悉谓词演算及其模态扩展。有鉴于此（以及此处未提及的其他问题），我们可以看出，尽管形式逻辑有很多值得赞赏的地方，但也有一些理由认为用它来对 NLA 进行推论评估不能令人满意——这些理由足以让我们考虑替代方案。

二、是否存在非形式逻辑的方法

如果我们想要开展推论评估，而形式逻辑有重大缺陷，那么我们就可以考虑替代方案，如非形式逻辑。非形式逻辑试图做形式逻辑要做的事情，但不依赖于逻辑形式。因

---

① Quine W V. Methods of logic [M]. 4th ed. Cambridge, Mass: Harvard University Press, 1982.
② 自然演绎法是个例外，不是一种有效的方法。

此，我们不禁想知道，对于 NLA 来说，是否存在避免依赖逻辑形式的推论评估法。在《真实论证的逻辑》一书中，亚力克·费舍尔（Alec Fisher）认为可能存在这样的方法。下面这段话中，"方法"一词出现了五次，很好地总结了费舍尔的目标。

> 我们的目标是描述和展示一种系统性方法，它能使论证从文字语境中抽取出来，并对之进行评估。我们需要一种应用范围广泛的方法，既能应用于日常生活中的论证，也能应用于理论论证，还适用于以自然语言表达的一般推理（而不仅仅是逻辑学家经常使用的那些虚构的例子）。我们还需要一种方法，它借鉴经典逻辑中的见解和教训，但它是非形式化的，且足够高效（这两种要求都排除了一种需要我们把真实论证转化为经典逻辑符号的方法）。除此之外，我们还需要它是一种可教的方法，并在适当程度上可以打消我们依赖专家的倾向。[3]

费舍尔提及的方法显然应该令我们感兴趣，但我们必须将它的范围缩小两次。首先，我们将撇开论证提取有关的方法，而把注意力集中于论证评估的方法上。第二，因为论证评估包含两部分，"它的前提必须为真……它的结论必须是从前提得来的"[4]，因此，我们必须提炼出我们所关心的是什么。费舍尔认为，论证评估的"从……得出"（"following-from"）部分构成了"大问题"和"有趣的问题"[5]，它与我们所聚焦的问题——推论问题——完全一致。那么，是否有非形式的逻辑方法——非形式的推论评估法——就像有形式的推论评估法一样？它是否有推论评估的观念标准？是否有操作标准？是否有用于确定满足操作标准与否的非形式方法，包括关键的非形式概念和非形式技术？

可以考虑以下非形式逻辑文献中现有的论证评估途径：谬误途径，首先由亚里士多德提出，经柯皮（Irving Copi）发展[6]，并由约翰森（Ralph Johnson）和布莱尔（Anthony Blair）改编[7]；演绎主义途径，由惠特利（Richard Whately）在 19 世纪初倡导，持续受到格罗尔克兄弟（Leo Groarke，Louis Groarke）的青睐[8][9]；伯比奇（John Burbidge）极力提倡的逻辑类比途径[10]；由道格拉斯·沃尔顿（Douglas Walton）发展的论证型式途径[11]，最近很受欢迎；还有一种使用论证担保的途径，这是密尔（John Stuart Mill）逻辑的核心[12]，被图尔敏（Steven Toulmin）进一步发展[13]；最后，有一种被我们称之为"主题思考"的途径，这是费舍尔[14] 以及品拖（Robert Pinto）和布莱尔[15] 所倡导的途径，它涉及思想实验，以弄清结论是否从前提中得出。在大多数情况下，尽管这些途径并未作为方法出现，更不用说是成熟的方法了，但它们蕴含许多重构推论评估法所需的实用内容。让我们看看接下来我们可以做到什么程度？

我们可以首先将基于亚里士多德《诡辩论》中谬误列表上的方法与形式逻辑中的真值表方法进行比较。也许亚里士多德的谬误是从……得出谬误，① 因此，它们可以成为推论评估方法的一部分。形式逻辑的观念标准是演绎有效性。亚里士多德的观念标准更窄——

---

① "有的人在亚里士多德的谬误中看到更多的东西；我没有看到"，参见：Woods J，Hans V H. Hintikka on Aristotle's fallacies [J]. Synthese，1997，113：217-239；Woods J，Hans V H. The subtleties of Aristotle on non-cause [J]. Logiqueet Analyse，2001，176：395-415.

三段论后承的标准：结论从前提中得出，当且仅当，前提使结论成为必然，前提导致结论且结论与任一前提都不相同。① 形式逻辑层面的操作标准（我们已经达成一致意见）是真值表有效性，而对于谬误法，是不犯亚氏列表（亚里士多德《辩谬篇》一书中的谬误清单）中的谬误。形式法的检验方式是确定是否只有 T（真）在最后一列表格中，而在谬误法中，是确定论证是否犯了亚氏列表中的任一谬误。形式层面涉及的技术包括制作真值表和计算复合句的真值。对于谬误法，其技术包括仔细阅读论证，然后把它与每一个亚氏列表上可识别谬误的定义进行逐个比较。形式层面所涉及的概念是命题逻辑中的基本概念；在非形式层面上，它们是"三段论有效性"中各部分的概念及谬误的定义。

另外，让我们考虑一种基于论证型式的方法。这种方法的观念标准是什么？沃尔顿给出了如下内容。

> 虽然"有效"一词似乎不能非常贴切地形容这些论辩型式，但是，使用得当时，它们似乎能满足某种正确性使用的标准。特别是对于最常见和最广泛使用的型式，重要的是要了解评价标准是什么，以及如何根据它对每个型式进行测试。[16]

从项目主旨来看，沃尔顿提出的观念标准似乎不同于我们最熟悉的演绎和归纳标准。如果一个论证的前提（假设它们是可接受的）可以确立其结论可接受性的假设，那么，该论证就是一个推论上的好论证。我们可以将其称之为"假定有效性"的标准。那么，相关的可操作性标准可能是什么呢？关于型式方法的论证评估，是由与每个型式相关的独特的批判性问题集所指导的。这些问题可以分类，一些与前提的可接受性有关，另一些与推论强度有关，等等。在构造一种基于论证型式、评价推论非形式方法时，我们把自己限制在与推论强度有关的问题上。因此，我们提议如下操作标准：如果一个论证能满足它所述型式相关问题，那么它便被假定为是有效的。该方法的概念可以在其型式及相关问题中找到，其中一些如"可能的"（probable）、"似真的"（plausible）、"一致性的"（consistent）、"承诺"（commitment）和"原因"（cause）等都是技术性和/或理论性的。该方法的技术将 NLA 论证与对应型式匹配在一起，提出相关问题，并根据答案评估论证的推论强度。

我认为通过一些工作，可以将其他途径与非形式推论评估进行类似的比较：逻辑类比，担保主义，以及主题思考的方法。也就是说，上面提到的所有非形式途径都可以用这样的一种方式来分析，即它们以一种方法的形式出现，并借用标准、测试、概念和技术加以完善——就像形式逻辑一样。

三、方法的分析和比较

当方法被陈述出来后，可以给我们提供处理复杂问题的可讨论的程序。我们可以仔细审查、批判乃至改进它们。对于特定目的，如果有不止一种可用的方法，则可以相互比较

---

① 参见亚里士多德《前分析篇》《命题篇》《辩谬篇》。

这些方法。对于推论的方法，我建议从三个不同的主题类别维度对它们进行比较：方法的特征、内容和功能充分性。

（一）比较方法的特征

在比较"特征"部分，我们可以先来识别方法所体现的那种标准。它是适合评估论辩的理想标准（就像柏拉图的型相）吗？或者是通过使用演绎标准评估论证的一个精确标准吗，比如演绎有效性？或者是一个最低标准吗，即如果一个论证至少达到了一个特定标准，那么它就是前提充分的论证，就像归纳有效性和假定有效性的标准一样？方法的另一方面是它们是直接的还是间接的。使用型式、真值表，或者担保，似乎是一种直接的评估方法，因为除了被评估的论证之外，不会涉及其他论证。然而，逻辑类比法是一种间接的方法，因为它通过将一个论证与另一个特定或假定了推论值的论证进行比较，来决定一个论证的推论值。人们也可以问一个方法是单极还是双极的，也就是说，它是否既能判定出推论性强的论证，又能判定出推论性弱的论证。真值表法和型式法是双极的，但自然演绎和基于不完整谬误列表评判的方法（各种错误的推论）就不是双极的。最后，我们的问题还包括是否可用一种方法来对中间状态的推论强度做出判断。比如，它是否可以被量化？形式逻辑的方法及谬误法似乎都不能做到这一点，但型式法可以，因为它涉及几个问题，其中一些可以得到支持性的答案，而另一些则不能。因此，总的来说，我们可能会得出这样的结论：论证有中间状态的强度。表1展示了如何在刚刚介绍的这些类别下比较这些方法。

表1 比较方法的特征

项目	形式逻辑	谬误（柯皮）①	逻辑类比	型式
标准	精确的	精确的和最低标准	精确的	最低标准
直接性	直接的（真值表）	直接的	间接的	直接的
极性	双极的	单极的（负面的）	单极的（负面的）	双极的
中间状态的判断	不可能的	对一些人来说不可能；对另一些人则可能	不可能的	可能的

（二）比较方法的内容

方法还可以根据其内容进行比较，我指的是比较它们的操作标准、概念和技术。对于我们探究的实践维度而言，方法的内容尤其重要。学生测评员需要的是帮助判断前提的充分性。如果听任他们凭直觉行事，可以预计他们的判断会有很大的差异，而且不会被证明是正确的。如果可能，将概念、技术和标准结合在一个方法中，就可以解决这两个问题。

---

① 既包括演绎谬误，也包括归纳谬误。

有的差异点已被指出，但进一步进行观察可能有益处（见表2）。对于谬误法，它采用的概念是谬误定义，使用的技术是审查论证，看它是否犯了什么谬误。至于演绎主义——它的一种形式——其技术是"重构"论证，依据有效性的语义概念说明它们在演绎上有效，然后再确定为确保有效性而新添的前提是否能够接受。那么他们使用的概念是"语义有效性"和"陈述可接受性"。费舍尔的"主题思考"法主要依赖"可断言性问题"的概念和"领域"或"研究主题"的观念；该方法的技术就是思想实验。有趣的是，不同的技术对论证测评员有不同的能力要求：所有这些方法都要求他们能够仔细阅读和理解论证，但是有些方法要求使用类似数学符号的能力，有些方法要求熟悉论证所属领域，有些方法要求有想象力。由此我们可以预见，一些测评员相对更胜任某些方法。

表2　比较方法的内容

项目	形式逻辑的方法	谬误法	主题思考的方法（费舍尔）
操作标准	如果一个论证在真值表上有效，那么它的前提就是充分的	如果一个论证没有犯亚氏列表中的任何谬误，那么它的前提就是充分的	如果依照一个论证所属领域的标准，它不可能出现前提真而结论假的情形，那么它的前提就是充分的
概念	真值函数 真值表 有效性	识别列表中的谬误条件 三段论式有效性	论证领域 可断言性问题
技术	构造真值表 计算复合句的真值 读取结果	仔细阅读论证 将论证与列表中的每个谬误进行比较	寻找领域相关的标准 进行思想实验
评论	机械的	需要解读	需要想象力

（三）比较方法功能的充分性

现在让我们转向比较方法功能的充分性的基础。特鲁迪·戈维尔（Trudy Govier）在关于论证说服力（argument cogency）（其对"论证之优质性"的称呼）的文章中，提出了如下观察。

> 如果不同的人可以使用它获得相同的结果，那么它就是一个可信的论证。或者，如果结果存在差异，则可以根据前提担保性的相关背景信念来轻松解释这些差异。并且如果它能以一种相当不费周折的方式得以应用，那么它就是有效率的。[17]

我想对这些评论稍做改动，使它们有一点稍微不同的解释，这样它们即可适用于比较推论评估方法的充分性。除了戈维尔提到的可信性和效率这两方面，我还将增加第三方面，即范围。

1. 可信性

可信性实际上包含两个方面。一个方面是由戈维尔提出的：如果"不同的人可以使用它获得相同的结果"，那么该检验前提充足性的方法是可信的。戈维尔的建议是，如果一组测评员对一个论证的说服力存在分歧，则可以通过群组成员对该论证的前提有不同的信念来解释。但是关于前提的信念是一个与前提相关的问题，而不是与推论相关的问题。即使他们对前提的看法是一致的，难道测评员就不可能对论证的推论强度持不同意见吗？而且，即便如此，难道没有什么方法可以帮助他们克服分歧吗？

想一想前面假想所涉及的与一组学生测评员合作的那类项目，我们应该多说说小组的成员构成。我们规定，这是一个由人文或科学领域的高年级本科生或硕士水平的学生组成的小组；该小组男女比例相当；小组成员思想开放，愿意在讨论之后修正他们的观点，但是他们不会轻易动摇。重要的是，该小组的任何成员都没有对其他成员的意见施加不当影响；没有领导者强迫他人同意他或她的观点。这组学生测评员擅长目标论证所使用的语言，且他们既没有学习障碍，也没有妨碍他们正确应用所学方法的特质。鉴于学生测评员的这些特征，我们可以用更明确的术语来说明可信性。假设小组中的几个成员（统称为G）训练有素，指导如何使用一种方法，且对论证评估持有认真的态度，那么，学生测评员G组的成员恰如其分地使用方法M测验了NLA论证的前提充分性。如果G组成员与A组成员在推论评估上意见一致，那么方法M就是可信的。

我们可以将之称为推论方法的主观可信性。主观可信性是一个程度的问题：可能一些方法的主观可信性较高，而另一些则较低。

另外，方法的可信性还与它们导致的结果有关。一种方法在正确使用时可能具有高度的主观可信性——使用该方法的测评员易于达成一致的判断——但其有时甚至经常会做出误判，甚至对某类论证总是做出误判。在预测选举获胜者方面，民调方法比其他经常出错的方法更可靠。同样地，评估NLA推论的两种方法中，在同等条件下，误判或漏判相对少的方法是更可信的方法。这就是我们所指的方法的客观可信性。客观和主观的可信性都是一个程度问题，并且对于两种可信性而言，推论方法是可以相互比较的。如果"现有"的论证不应该使用相同的前提充分性标准来评估，那么任何单一标准的方法都很难具备客观可信性。

2. 效率

戈维尔认为，如果可以达到"应用起来'不烦琐'"的程度，那么这种描述论证说服力的方法是有效率的。在考虑使用一种方法时，我们也会用"烦琐"一词来形容。比如，一种方法在内容上易于学习——它的操作标准、概念和技术可以被我们的论证评估小组轻松地学习。然而，一旦学会了，它却可能不易上手应用。因此，不仅存在着学习者效率问题，也存在着使用者效率问题。一种方法应该既易于学习又易于使用，部分原因在于所有对论证评估感兴趣的人（几乎所有人）都有应用的愿望。因此，我们需要的是一种对学习者和使用者都高效的方法。然而，一种方法可能易于学习，但难以应用，而另一种方法可能复杂且技术性强、难以学习，却易于使用。很难学习和使用的方法比其他的方法的启动成本更高，这可能是资助研究项目不喜欢它们的一个原因。

3. 范围

一种方法可以评估的论证种类越多，它的应用范围就越大；应用范围越大，则方法越有用。真值函数逻辑方法不能处理关系论证，正因如此，我们认为，它们是应用范围有限的推论方法，比那些能够处理关系论证的方法应用范围更窄。一般来说，演绎逻辑不能处理归纳论证，因此，它比既能处理演绎论证又能处理归纳论证的方法范围更窄。一般来说，建立在简短谬误或型式清单上的方法比那些建立在较长清单上的方法适用范围更窄。就像可信性和效率一样，推论方法的范围也可以与其他方法比较。当一个推论方法被应用到自身范围之外的论证时，其客观可信性会受到影响。

（四）评估不同方法的充分性

我们对推论评估方法在功能上的充分性——有效与可信——的了解有待实证研究的验证。尽管如此，我们还是可以对事情的发展做出一些初步的猜测。形式逻辑一直由于难学而被批评，这意味着它的学习者效率低。可以预测它的使用者效率会随着被评估论证的复杂性而发生变化。相信学习过该方法的测评员具有较高的主观可信性。然而，大家批评形式逻辑不适用于我们在流行话语中遇到的大多数 NLA，因为它们不是"演绎性的论证"。这意味着形式逻辑适用的范围有限，当我们试图将其应用于不适合它的论证时，该方法的客观可信性就降低了。

"主题思考"（thinking about it）法被宣传为同时具备学习者和使用者效率。的确，这不是一个难学的方法，费舍尔认为即使我们对某个主题不太熟悉，我们也可以使用它。尽管如此，应用它比学习（理解）它更困难。值得一提的是，该方法在应用范围上没有限制，原则上它可用于任何论证。然而，这种方法的主观和客观可信性将取决于测评员掌握的相关领域知识。主观可信性需要测评员能够在领域相关的标准上达成一致意见。尽管我们要求他们具有大致相同的教育水平，但可预见到他们通常很难达成一致的意见，尤其当主题超出测评员的常识时。对于客观可信性，测评员需要具有正确的相关领域标准，且能很好地运用想象力。因此，客观可信性将取决于测评员的知识与待检测的论证的主题之间的契合程度。

尽管论证型式法不是形式化或数学式的，但的确需要付出相当大的努力去学习。这是因为，如果要有广泛的应用，它必须包括许多型式（也许多达 60 种）及其相干问题。因此，我们可以断定它的学习者效率较低。再者，一长串的型式清单使该方法在使用时会很麻烦，因此，就会影响它的使用者效率。该方法在主观可靠性方面可能表现得更好一些，因为所有的测评员将不得不处理同样关键的问题，这将把他们的注意力引向有助于达成一致意见的同一方向。客观可信性的程度取决于型式清单与"现有"论证的匹配程度。我们应该预料到，清单越全面，客观可信性就越高。因此，客观可信性与效率成反比。然而，沃尔顿目前提倡的型式方法的介绍仅限于那些假定有效的论证，而忽略了需要用演绎和归纳标准来衡量的论证，这说明它的适用范围有限。

让我重复一遍：这些功能充分性的比较只是揣测。应该把它们与其他人的见解和经验进行比较，它们还可依据实证发现加以修改或驳回。表 3 总结了我的猜想。

表 3　方法充分性的比较

项目	形式逻辑	主题思考法	论证型式
学习者效率	低：难在抽象性；需要类似数学的技能	高：没有概念负担，几乎也没有任何的技术性概念	低到中：多种型式；相关的问题更多；问题中包含复杂概念
使用者效率	取决于论证的复杂度	中：它要求对领域相关标准有一定的了解	中至高：许多论证和型式易于结合使用
主观可信性	对于学习过该方法的人而言，可信性较高	取决于测评员在相关领域中知识的共享程度，及同等的想象力	中至高：因为问题将引导测评员考虑相同的议题
客观可信性	低：应用范围有限	取决于测评员对正确的领域相关标准的辨别；还取决于想象力	中：因为应用范围有限
范围	窄：仅对适合用演绎标准衡量的论证有用	宽：可适用于各种论证	中：因为仅限于假定推理（不包括演绎和归纳）；直接随使用型式的数量而变化

四、结论性意见

有人认为，"非形式逻辑"这一术语是一种矛盾修辞法，就像"商业伦理"一样。他们认为，它不能既是逻辑的又是非形式的。我不同意这一看法。但我同样不赞同那些认为非形式逻辑应该是一种既要判断前提的可接受性，又要考量辩证性和修辞性的论证评估或论辩理论。逻辑就是做出推论判断，它可以借助或不借助逻辑形式进行。在不借助逻辑形式做出推论判断的范畴中，有非形式逻辑的一席之地。

引发这次探究的问题是，训练一群逻辑新手是否有用？他们被要求使用形式或非形式的推论评估方法，来评估自然语言论证。我们还没有发现足够的信息来回答这一问题。尽管形式逻辑作为评估 NLA 的方法确实存在一些缺点，但每个非形式逻辑的方法也是如此，而我们想要判断出哪个方法总体上最好。尽管如此，本文提出的这个框架，结合实证调查，最终可以为我们回答该问题奠定基础。

这种探究本身带来了一些外部效应。我们已经看到，可以将一些非形式逻辑工作重塑为非形式推论评估的方法。该结论的益处有三。其一是它界定了一个不同于辩证理论、修辞理论和认识论理论的研究领域。其二是非形式推论评估被认定为一个研究领域，可以设计课题来标记和界定每一种方法所需的概念和技术，形成所需的操作标准，总体上提高方法的功能充分性。我们对该领域与日俱增的关注将有利于帮助那些想要学习如何做出合理的推论判断的学生。其三是我们现在可以提出"非形式逻辑"的新定义,即它是一个非形式评估推论的方法集。

(本文于 2011 年 5 月在 OSSA9 会议上发表,也可以在 OSSA 档案中找到,见 http://scholar.uwindsor.ca/ossaarchive。)

参考文献

[1] Whately R. Elements of logic [M]. 9th ed. London: Longmans, Green and Co., 2009.
[2] Skyrms B. Choice and chance [M]. 4th ed. Belmont: Wadsworth, 2000.
[3] [4] [5] [14] Fisher A. The logic of real arguments [M]. Cambridge: Cambridge University Press, 1988.
[6] Copi I. Introduction to logic [M]. 2th ed. New York: Macmillan, 1961.
[7] Blair J A, Ralph H J. Argumentation as dialectical [J]. Argumentation, 1987 (1): 41-56.
[8] Groarke L. Deductivism within pragma-dialectics [J]. Argumentation, 1999 (13): 1-16.
[9] Groarke L. An Aristotelian account of induction [M]. Montreal: McGill-Queen's University Press, 2009.
[10] Burbidge J. Within reason: a guide to non-deductive reasoning [M]. Peterborough: Broadview Press, 1990.
[11] [16] Walton D N. Argumentation schemes for presumptive reasoning [M]. Mahwah: Erlbaum, 1996.
[12] Mill J S. A system of logic [M]. Stockton: University press of the Pacific, 2022.
[13] Toulmin S. The uses of argument [M]. Cambridge: Cambridge University Press, 1958.
[15] Pinto C, Blair J A. Reasoning: a practical guide [M]. Englewood Cliffs: Prentice Hall, 1993.
[17] Govier T. The philosophy of argument [M]. Newport News: Vale Press, 1999.

Are There Methods of Informal Logic?

Hans V. Hansen

Abstract: This paper addresses one of the practical problems that arise in connection with the evaluation of natural language arguments, namely, how to determine their logical strength. Pursuing this problem will invite a comparison between formal and informal logic. Which of these two approaches is best for evaluating the logical strength of natural language arguments (NLA's)? The claim has been urged that informal logic is best suited to the job or that it is at least just as well suited to it as formal logic is. That may well be so, but how are we to decide? A framework is developed that will give us some guidance in answering these questions.

Key Words: natural language arguments; logical strength; informal logic; formal logic; argument evaluation

（本文经作者授权翻译并发表。Hans V. Hansen. "Are There Methods of Informal Logic?", in Puppo, Federico (ed.). Informal Logic: A "Canadian" Approach to Argument. Windsor Studies in Argumentation, 2019. Copyright © Hans V. Hansen. Translated and circulated with the permission of the author.)

何以获得好的探究力

——兼谈批判性思维二元问题分析法的探究实践路径

吴 妍

【摘 要】 创新人才的培养,需要从"学习知识"向"探究知识"转型。批判性思维强调在"探究-实证"中激发思考、发展知识,这直接决定探究教育的实际效果和未来走向。聚焦批判性思维领域,研究不同时代与学术背景下的探究方法,把握其历史动向与前沿发展,不仅是根本和直接的需要,也是诊断和评判究竟该如何获得好的探究力。本文通过比较研究,阐述批判性思维二元问题分析法在提升探究能力方向上的综合性实践价值,由它统领的探究任务框架,可为培养新时代创新人才创造条件。

【关键词】 批判性思维;探究方法;批判性思维二元问题分析法

一、探究力的缺失:"提不出好问题"现象只是冰山一角

探究型人才的培养,最直观的短板之一,是学生提不出好问题。更准确地讲,是提不出好的探究性问题,并且,问题意识与提问的意愿也严重匮乏,这显然无法实现新时代培养具备创新思维、能有效促进知识再生产的人才愿景。对此,学界引发的关注主要聚焦在"为什么我们的学生提不出问题"。有人认为内外环境是主因,应增加情景化的教学设计,强化与真实的生产生活实践的结合,为提问创造条件。[1] 也有人提出课堂导向是关键,应从教师的提问策略着手,也关注到信息储备、语言表述等方面对提问的影响。[2] 最获认可的应对策略,是强调培养探究必备的问题意识,挖掘"知识库存"的不足,寻求各方理论、观点、经验做法等差异。[3] 这些其实早为教育界熟知,但提问能力并未得到根本改善。本质上,"学习知识"而非"探究知识"的文化基因仍属主流。我们注意到,在这个问题上,学界也逐渐把目光转移到哲学领域,比如建议恢复自然辩证法课程[4],提出方法论将决定探究教育的实际效果[5]。但是,即使回归认识论和方法论的汪洋大海,也有流派分支、历史发展、理论来源、目标对象等千差万别,找准突破口才是解决问题的关键。

[作者简介] 吴妍,女,四川外国语大学创新与批判性思维教育研究中心,主要从事高等教育学、批判性思维教育研究。

[基金项目] 四川外国语大学教改项目"外语教育'课程思政'中的审辩性思维教学法应用研究"(项目编号:JY2146239)。

提问与探究的能力，本质上是批判性思维素养的反映。用批判性思维来指导探究，是因为批判性思维自身具有强烈的向前发展知识的特性。如果把"开放理性"视为批判性思维的精神内核，那么"探究实证"就是批判性思维的行动指南。经由批判性思维获得的知识，是经动态、实证、全面、辩证地审视现有观点后，对以杜威为代表的进步主义教育观提出的"建构-解构-重构"的认知成果的转化。因而，对批判性思维轨道上的探究方法进行深入研究，才有可能切实改变模仿记忆和理解应用的认知传统。

此外，批判性思维教育的普遍缺乏和被误解，也是阻碍探究力发展的关键因素。在国际社会，批判性思维的概念和目标早已达成共识，不是负面地否定挑错，而是通过合理的、反思性的思维帮助我们决定相信什么和如何行动[6]。这里的合理反思，就是依靠理性做出"系统性"的探究实证，既要覆盖问题、观念、解释、假说，又要往纵深方向考查这些要素的来源、理由、推理、后果。因而，人们普遍担忧的提问能力，仅仅反映学生高阶认知能力和思维素养的冰山一角，批判性思维针对问题、论证、信息、竞争性观点等做出分析和评估的要求，是影响认知深度和广度的探究能力的核心要素。对准批判性思维的发展前沿，积极探索探究方法论在教育界的实践转化，是在知识观和认识论的基底层面改变"学习知识"的现状，培养拥有思考力和探究力的人才的根本方向。

二、基于批判性思维的探究方法的起承转合

（一）开端：苏格拉底的诘问式探究

在批判性思维领域，苏格拉底被公认为是开山鼻祖，他在独立思考、相信理性、合理质疑等方面代表了批判性思维倡导的精神和态度。在苏格拉底对话中，他总是用提问的方式启发思考，让人在前后矛盾的结论中寻找真理。因此，苏格拉底探究法的精髓，是通过问题引导来深入发展认识，这被视为一种典型的探究模式。今天，以"苏格拉底法"命名的研究与实践，存在许多同名异构的阐释，有的用它为一些当代发展起来的教学方法命名，有的仍坚守古典时期的用法，这给探究方法的实际应用造成混淆。

回到人们熟悉的苏格拉底对话。苏格拉底启发人们思考，使用的是一种诘问（elenchus）的方法，雅思贝尔斯以此为基础，把苏格拉底教学法划分为三个阶段[7]。这里简化雅斯贝尔斯使用的哲学语言，用通俗的表述对苏格拉底教学法做出概括：首先，由教师提问，学生自信地回答出答案；接着，教师采取诘问方式，学生给出一个个错误的答案；最后，学生在自己前后矛盾的回答中获得新的认识。雅思贝尔斯特别指出，苏格拉底是通过反讽来制造出一种动摇别人根本信念的整体氛围，使对方认识到自己的错误和无知，最终发现知识。[8]

可见，苏格拉底由诘问引导的反思，跟当代批判性思维提出的分析性反思，有方法上的差异。诘问的目的，是使人意识到思考问题时的前后矛盾，一步步看到自己的谬误而获得知识。诘问的探究方法，其实不好把握，因为它没有提供一套关于如何提问的准则，并且在事实上，由问题来引发思考，不一定要使用反讽或制造矛盾，所以一线教师尝试使用苏格拉底教学法时遇到许多现实困惑。而当代批判性思维的发展，已经形成了一套系统和

结构化的分析方法，是针对问题、信息、论证、假说等的细致考察，对探究和教学有更多实际帮助。

更本质的区别，来自两种截然不同的知识观。古典时期诘问式对话背后的知识观与当代科学方法论影响下的知识观有较大差异。苏格拉底认为，人的灵魂是不朽的，它在重生多次之后已经学会了关于事物的各种知识，而教育的目的，或者说教师的作用，就像产婆那样，把人灵魂里边已经有的知识引导出来，所以"educate"一词的词缀"e-"是向外，"duc-"是引导，它们合在一起要引导和拖拽出来的对象，是人的灵魂里本身就有的知识。这在后面影响到柏拉图哲学的认识论，即抽象的、先天就有的"form"，一切具体事物的原型，才有资格被认定为真正的知识。在不同的知识观背景下，滥觞于苏格拉底的知识原型说，主要对象是由概念构成的理念世界，对思辨领域的哲学命题有一定价值，而今日的探究教育早已拓展到经验世界，要靠实证去验证，这显然无法单靠回忆和诘问来唤起。

（二）转型：从杜威的经验理性到波普尔的批判理性转折

20世纪初，上述问题得到一定程度解决。杜威提出反省性思维（reflective thinking），开启了现代意义上的批判性思维与探究教育。跟苏格拉底的诘问式探究法相比，杜威主张探究的对象应回归真实的经验世界，而不是抽象概念或知识符号，这符合当代社会的要求。杜威对探究教育影响深远的，是被概括为"情境-问题-假设-验证-结论"的科学思维五步法，这逐渐演化为一种探究的行为模式，我国目前的探究教育，很大程度上借鉴于此。

杜威的科学方法论观点与逻辑经验主义并不完全重合，他更强调寻求正反证据后的综合分析，而不是简单依靠归纳，这样的探究观念在杜威时代的科学研究领域逐渐成为主流。科学哲学界对科学观做出了重大修正，认为即使是最严谨的科学知识，本质上也只是人为创造的、包含错误的"猜测"。波普尔为科学发现提出一种新的方法论，即证伪主义方法论，认为寻求知识的正确方式，不应该是对它做出辩护，而是反驳它，只有在不断追求反驳现有的理论中，才可能得到认识的进步。[9] 他的理由是，观察和推理都不可能证明具有普遍性的理论，这种归纳主义、辩护主义的科学观并不具备逻辑基础。当代批判性思维理论肯定了这一点，充分吸取了批判理性观，要求探究实证的过程，必须纳入辩证层面的综合审议。也就是要尽可能寻求不同的、对立面的替代解释、假说或问题解决方案，并对其进行合理回应，以求突破固有思维，这是走向新的认识的必要路径。

这项转折非常重要。仅仅用观察、实验、逻辑推导的形式去"验证"假说，很可能发生的是一种有名无实的探究行为，由于缺少对认识的多面性刺激，它没有为新的认识创造空间。而批判理性观的贡献在于，它让探究从单一论证、正面论证发展到多样化构造论证尤其是构造和审议反面论证方面，主张以对话来组织论辩或自我审议，是突破自我中心和知识权威主义的方法论基础。但我们也要看到，杜威关于思维与探究的其他方面的重要贡献。他对反思性思维提出的具体要求是，在对科学假说进行主动、持续和细致的理性探究前，先不要决定是接受还是反对，而是要做延迟判断。[10] 这里的"延迟判断"是指，在对一个观念没有细致、深入、全面的合理思考和探究前就不要下判断。[11] 探究的目标，由此得以丰富与延展，扩大到人们接受知识的过程和态度上，即要靠探究而非死记硬背来学习知识，要求态度上要主动探寻，范围上要全面思考，方法上要细致深入。这样的纲领性指导，也为后面的批判性思维理论发展提供了帮助。

（三）传承：从形式逻辑到非形式逻辑的过渡

从杜威提出的探究纲领，到今天的批判性思维方法论完善，中间有一段相当长的过渡阶段。思维领域的方法论，最初主要一直由形式逻辑的严密和确定论证的理念为主导，过渡到今天的非形式逻辑和批判性思维，用了几十年时间。尽管杜威早已呼吁关注形式逻辑对经验世界探究行为的局限性，但哲学界与教育界的改革行动，直至20世纪60年代才开始。人们逐渐认识到，形式逻辑以构建人工语言的形式系统来建立可靠论证的标准，它忽视真实的论证，而且形式系统的可靠论证的标准并不能描述或评估人们实际思考的方式。[12]

在对这一重大问题的积极应对中，非形式逻辑繁荣起来。它的特定主题是现实世界与自然语言范围内的论证和论辩，主要针对人们处理实际问题时的思维方式，诸如公共事务的日常讨论、科学学科各种特定风格的论证、推理依据以及认识论等。[13] 这为探究提供一系列新的规范和方法，比如将论证进行图表化重构以便分析评估；把推理作为"一种批判地检验思想的方式"[14]；综合逻辑、辩证、修辞等方面去完善论证评估的方法与标准；终结了要求前提"有效/可靠"意义上的演绎形式逻辑论证标准，认为演绎形式逻辑的合理性标准不适合实际的论证[15]，应该以前提的可接受性、相关性、充分性作为实际论证合理性的替代标准[16]；提出在实践探究的推理决策中，可采取发现、构造、评估、比较替代方案的实践推理（practical reasoning）模式[17]；提出充分考虑正反两方面、考察替代方案和反对观点后，由多个理由联合起来推导出结论的联导论证（conductive argument）模式[18]。这些都为经验和实践中的探究提供了哲学认识论基础上的方法论指导。

另外，非形式逻辑根据实践论证的情况，还对探究和论证的目标、功能提出更多要求，包括：① 当我们寻求问题解决方案时，能够清晰表述自己的思路；② 能向别人解释自己秉持某种信念或采取某项行动的原因；③ 能在因果关系和逻辑方面，对某些大家普遍相信的知识做出解释；④ 能通过探索某些假说的结果，来设计相应的实验检测方法；⑤ 能跟别人指出，他们的看法中存在哪些前后矛盾。[19] 这些要求也成为探究活动的重要组成部分，它们跟前面的方法及标准共同成就了非形式逻辑最重要的贡献，即其创始人拉尔夫·H. 约翰逊提到的，非形式逻辑依照经验科学的模型重新塑造知识的概念，协助完成了由实用主义者发起的挑战"柏拉图-笛卡儿主义"的经典知识论[20]。

（四）发展：批判性思维"点""面"结合的综合繁荣

从形式逻辑到非形式逻辑，尽管这一转变对探究方法有革命性影响，但还局限于论证领域。非形式逻辑，过去曾被认为是哲学界用来描述批判性思维的名称，但随着批判性思维理论的发展，把非形式逻辑视为批判性思维理论和工具的一个重要来源更符合事实。批判性思维把探究活动拓展到了更关键的对象、方法和目标上，既提出了要在理智品德和高阶技能两个方面全面发展的目标，又在"问题"这一探究领域有重要突破。

在1990年的国际批判性思维专家共识性文件中，范西昂总结道，培养好的批判性思维者就是朝向喜欢探索、了解全面、信任理性、思想开放、立场灵活、评价公正、诚实面对个人偏见、判断谨慎等方面努力，把发展批判性思维技能和培养这样的品质结合起来，这样的品质历来都产生有用的观念和知识。[21] 通过这份共识声明，探究活动实现了德育和智育的结合。德育部分，是一组批判理性精神和品德，包括求真、谦虚、谨慎、客观、公正、反省、开放等；智育部分，包括阐明、辨别、分析、推理、判断和发展的高阶思维能力。[22] 以教授批判性思维来实践探究教育，不仅教技能，还有助于培养品德，这把探究活动导向教育哲学关于培养什么样的人的思考，也把认识论关于真理来自多样性和开放性的准则落实到教育领域。

但也要看到的是，这份权威报告仍有重要的细节遗漏。报告中，依靠批判性思维的探究对象，是证据、背景、方法、标准、概念。尽管这些对过去流行的形式逻辑教学做出了重要修正，但没有关注到对问题本身的认识，这一环节应该是探究的重要组成部分。人们主动自发地去询问，由问题来引导探究，一步步认识事物，这是探究的基本逻辑。这在后来的批判性思维发展中逐步得到修正。问题的核心作用被确定下来后，出现了一些有借鉴价值的批判性思维研究，例如加拿大批判性思维学者马克·巴特斯比提供的以下用于指导探究教学的问题模式：

- 问题是什么？
- 这个问题包含什么样的断言或判断？
- 这个问题包含的各个立场中，其相关的理由和论证是什么？
- 问题的背景是什么？
- 如何比较性地评估各种理由和论证，以得到一个有充分理由支持的判断？[23]

这组问题中，前面四项都从探究的问题本身出发，包括对问题的识别、相关的语境、与问题有关的竞争性观点及其论证，这构成了对问题的具体分析，符合探究的基本逻辑——探究，首先要关注具体的问题，然后才是去做出与问题相关的观点、假说、解释等的分析评估。最后一项，是关于探究目的的问题表述：探究的目标其实是得到有充分理由支持的判断，因为探究需要在相互竞争性的观点和看法中进行比较性的评估[24]。这样的探究方法为获得新的认识创造条件：一方面来自对问题的认识和分析；另一方面源于寻求替代和对立面的辩证层，帮助突破偏见和思维固化，促进知识和认知的发展。

（五）完善：围绕"二元"问题分析架构的批判性思维探究法

当我们重新审视杜威对探究的定性描述时发现，如果没有主动做出全面、细致的分析，谈不上真正意义的探究。尽管人们对问题在探究能力中的重要性已有广泛认识，但如何做到主动，如何更深度和全面提升探究力，仍是一大难点。其中，主动性属于思维品质范畴，暂且另当别论。这里探讨如何达到全面、仔细的探究行为。为解决这个问题，学界于 2018 年提出以批判性思维二元问题分析法[25]（后简称问题分析法）命名的具有综合性质的探究方法，把围绕问题进行的探究活动，划分为关于问题对象性质和问题认知性质的"二元"，再细分为 12 个具体维度，展开全面、细致的探究活动。方法步骤如下：

1. 探究问题涉及的对象（即关于问题对象的元认知）：
    1.1 考查问题对象的内在构成元素及其关系
    1.2 考查问题对象及其构成、关系的特征及它们在不同状态中的属性
    1.3 考查上述特征、属性背后的原因、机制
    1.4 考查问题对象的存在、运行方式或规律
    1.5 考查问题对象和各类外部因素的相互作用
    1.6 考查上述各方面的时间性、演化过程等
2. 探究和问题有关的各种认知，属于反思性质的问题分析：
    2.1 问题包含的关键概念、表达形式、问题类型等
    2.2 考查问题的背景、语境、隐含假设以及问题与相关观念的关系
    2.3 考查问题及相关观念的过去、现在及将来发展
    2.4 依据问题类型考查与其对应的论证，包含其相应的信息、推理
    2.5 考查问题涉及的不同观点和视角：尤其关注对立、替代的解释和论证
    2.6 考虑其中涉及的主观因素，特别是价值观念等①[26]

可以看出，它覆盖了围绕问题所能探究的所有可能要素，满足全面、细致、发散、严密等探究准则，极大地拓展了各个面向的探究空间。尤其关于问题在客观对象方面的元认知，这是相对于其他探究方法的一个重要突破。在批判性思维二元问题分析法的帮助下，可以得到一系列子问题，用于帮助确定正确的问题方向，也指示问题的解决方案，尤其是通过分析和变换上面关于问题和情境所蕴含的要素，可以获得创造性的问题解决方案，这通常也是好的探究性问题的来源。如爱因斯坦所述，提出一个好问题往往比解决一个问题更重要，很大程度上指的就是这类问题。

三、前沿转化：探究教育的实践探索

（一）批判性思维二元问题分析法对探究教育的特殊价值

在教育领域，前面提到的各种探究方法，有的已形成较为固定的探究教学模式，比如杜威的探究教育五步法，但其中缺少有效且具体的思维方法策略；有的只构成了模糊笼统的教学法，但缺少具体细节指导，比如在苏格拉底教学法中，教师如何提问，朝哪些方向提问，如何根据教学需要确定能指导探究深入的问题集合，这些不单是策略问题，还要基

---

① 为便于读者理解，这里列举的批判性思维二元问题分析法的 12 维度的表述略有加工改编。

于科学系统的认识理论去完善；有的还停留于课程建设阶段，没有形成教学法方向的发展，比如大多数的批判性思维（或非形式逻辑）课程，思维和探究的方法论主要被作为教学内容来教授，未有意识转化为能够指导探究实践的教学方法或行为模型。

批判性思维二元问题分析法，除了有逻辑自洽的科学方法论与认识论支撑，在教学实践中也有可操作性，可以作为一种强有力的探究工具，用来启发思维，促进知识的再生产，将认识不断往前推进。通过这样的探究方法，学生对知识点的理解更加广泛、深入、准确，对问题的分析更加全面透彻，是关于科学本质的认知方法，由这种方法出发得到的知识，尤其重要。以问题分析为导向的批判性思维教育，其实就是探究教育的重要构成。在西方学界，批判性思维的主流和前沿发展，也逐渐转向问题导向的探究教育，这是培养自主思考、理性辨析和问题解决能力的重要环节。

(二) 基于批判性思维二元问题分析法的探究教学原则

用批判性思维二元问题分析法来指导探究，总体原则是，把问题分解为一个个子问题，并根据探究的不同要求，将子问题有序整合。通过问题分析的方法统领整个探究过程，可以把探究任务转化为一系列问题链来实现。问题分析法中的"问题"，其实就是需要以探究的方式去认识的对象，它可以是一个知识点、一种现象、一个需要解决的实际问题。通过对问题形成完整的了解，用来认识现象、探索原因、发现问题、解决问题，获得关于知识来源或问题解决方案的科学认识。

如果需要探究一个知识点，则可以把这个知识点分解为一系列问题，考虑它在多个方面和多个层次的内容和依据，然后围绕这样的系列问题集，组织开展讨论、收集信息、引导思考和认识；如果探究对象是一个真实情境中的问题，同样是根据问题分析法，把大的问题具体化、细化，拆分为可以解决、具有过程性特质的一个个子问题。

总体来看，以问题分析引导的探究实践，是应用批判性思维二元问题分析法分解出子问题，再根据具体需要做出评估判断，对子问题组合、排序、辨析，形成用于引领探究的子问题集或问题链。这种围绕问题开展的细致深入的探究实践，目的不在于单纯提出一个有待解决的问题，而是把问题作为思维的脚手架，帮助学生在探究问题、多元联想、查阅资料、合作互助、澄清概念、从正反两方面寻找例证、比较与综合等思考中，获得认识上的突破，这是在探究过程中有效实施研究性学习的价值体现。

(三) 基于批判性思维二元问题分析法的探究教学实例

具体实施，主要分两步。第一步，以批判性思维二元问题分析法为指导框架，挖掘关于探究主题的对象和认知两大方面，形成一系列子问题。下面围绕"生物学"这一知识点，呈现以问题分析为基础的探究实例，展示问题分析法作用于探究式教学的实际应用（见表1、表2）。

表 1　对象维度的子问题分解

问题的对象维度	子问题
1.1　要素、关系	生物学特定的研究对象有哪些 生物学在宏观、中观、微观层面分别涉及哪些方面 生物学的研究对象分别有哪些分类方式 与其他学科的研究对象有哪些区别（动物/植物跟数学/物理/音乐等学科对象的区别）
1.2　特征、属性	生物学有哪些属性（科学属性/研究生命/需要技术支持） 其属性跟其他学科相比有哪些不同（通过比较来认识学科特征）
1.3　因果、机制	生物学是如何产生的 对生物的研究依赖哪些方面 推进生物学形成与发展的机制体制分别有哪些
1.4　存在、运行	生物学对人们关于世界的认识有什么作用和意义 生物学（及其发展）如何影响我们的生活、环境及世界
1.5　与外部因素的相互作用	生物学的研究成果受观测工具或社会因素影响吗 生物学与其他学科有哪些交叉领域 与生物学相关的政策、法规、技术、商业、教育、职业分别有哪些
1.6　演化	生物学在发展史上经历了哪些阶段和变化 生物学的研究前沿体现在哪些方面

表 2　认知维度的子问题分解

问题的认知维度	子问题
2.1　问题的表达/类型/概念	依据问题类型确定探究方向（"生物学是什么"，是关于了解某种事物特征的问题，需要对主题有准确理解，通常要依据已知知识对主题做出定义，并澄清与问题有关的核心概念）
2.2　问题的背景/假设/层次和其他观念的关系	现代生物学的存在背景与假设是什么（比如进化论） 在不同信念体系下的认识有哪些区别（比如在神话体系中认识生物与在科学体系中认识生物的区别）
2.3　认识该问题的过程中的历史和发展	对于生物学及其发展，人们在认识过程中有哪些变化 人们对生物学的观念态度有哪些变化 人们对生物学的学科特征的认识有哪些变化
2.4　探究问题所需的信息、论证及方法	表达和论证生物学的过程中涉及哪些信息 认知过程中包含的科学推理及方法有哪些（实验、测量、可检验性、可证实性或可证伪性，这些与神话等其他体系认识生物有哪些不同）

续表

问题的认知维度	子问题
2.5 问题涉及的多元观点和替代观点	人们在关于生物学的认识中有哪些争论，其背后的思想、观点、理论、假设、研究方法等分别是什么 对生物学中的争议性问题，都有哪些替代观点 在这些替代观点影响下，可能产生什么后果
2.6 跟问题相关的价值要素和其他	研究生物学有哪些价值 人的价值观、自我中心倾向以及其他主观因素对认识生物学有哪些影响

全面的问题分析，是为了得到横向上的认识，除此之外，还需往纵深方向深入，寻找符合最近认知发展区或当前情境需要的、有关联的、有探究价值的具体方向。

第二步，是建立子问题集或问题链，规划纵向的探究路径。子问题集，是进一步凝练和指导探究计划的直观体现，它将问题分析的结果按照探究的实际需要进行选择和重组。比如，在表1、表2的问题分析基础上，可以依据时间顺序、难易程度、内在逻辑、开放性、熟悉度等一系列符合认知规律的规则，沿着有价值的探究方向进行地毯式搜索，获得不同组合的问题子集，形成朝向某个目标的探究路径，对实际的探究活动做出有序指导。子问题集的价值，在于引导和推动学生对知识点（或问题解决方案）形成系统性的全面认识，尤其在真实的探究活动中，学生常不可避免发生思维的发散与跳跃，根据子问题集的不同编排，可以引导学生将探究行为聚焦于某一个方向，也有助于随时调整和转换认识的进程。

下面以"生物学"知识点为例，依据不同的认知规则，对由批判性思维二元问题分析法得到的子问题进行细化和组合后形成不同序列的子问题集，帮助启发思考，让思维发散、严密，符合科学认识的基本规律。

• 示例1：依据时间顺序组织探究的问题链

人们对生物的认识是如何发展的（神话—宗教—科学）？每个阶段的特征分别有哪些变化？关于这些认识，能找到令人信服的依据吗？

示例1显示在不同的时间阶段，人们对生物学的认识也处于不同的状态，在时间轴上引发思考，是开放思考空间的基本路径。

• 示例2：依据熟悉程度组织探究的问题链

关于生物学，我们在生活中都知道哪些现象？还有哪些学科也可能在关注类似这些现象？生物学可能研究什么？设想一下，生物学可能有哪些分支或交叉学科？再进一步思考，生物学和动物学的区别是什么？为什么要问这些问题？前面的问题表达准确吗？陈述清楚了吗？

示例 2 显示依据问题的熟悉程度的不同，从生活经验出发，从熟悉的已知事实出发，探究有紧密关联的相关问题，是逐步深入探究对象后做出的分析、比较、反思。

- 示例 3：依据不同、对立或替代观点组织探究的问题链

当代主流的生物进化论观点是什么？其特性包含哪些？关于进化论有哪些反驳；关于生命发展的认识，还有哪些替代观点（比如神话创世说）？你是怎么知道的？有依据吗？来源可靠吗？有反例吗？假设神话创世说果真存在，可能会有什么后果？

示例 3 显示基于主动寻求反例的开放态度，对生物学进化论的替代观点进行探究，通过反思神话（创世说），了解什么样的认识更具可靠性，在寻求、比较、评估多种替代性观点中，获得知识的探究路径。这样组织的探究，把知识的获得，视为一个综合考虑对立面或不同观点的实证过程，符合强调开放、发展、辩证的批判理性主义知识观。

四、以批判性思维二元问题分析法为原点的探究任务总体架构

综合上述各类探究方法可见，批判性思维理论在发展完善的路径上，融合了认识论、批判理性观、语用论辩理论、实践教育哲学等多种思想源流，从不同角度为探究力提供内容、方法和准则。探究力的构成，实际涉及问题、论证、信息、竞争性观点等多个要素。以批判性思维二元问题分析法为代表的当代批判性思维理论提供了一个更加具体、系统、全面、有序的探究架构，这里用表格列出整体框架与任务分解（见表 3）。其中，问题是探究的原点和统领，但问题也来源于信息、论证和对竞争观点的比较性评估等要素的分析评估，表 3 展示它们之间的相互关系，用于指示实践中的探究任务。

表 3　基于批判性思维二元问题分析法的探究任务框架

要素构成	子要素	细则	任务分解
问题	识别问题	识别现象中蕴含的问题 识别文本中讨论的问题 识别已知信息中的不足	现象中蕴含了什么问题？ 文本中讨论的是什么问题？ 我要探究的是什么问题？ 是否依据论证分析帮助判断信息中的不足？
	评估问题	应用"好的探究性问题"若干标准[27]做出判断	我对即将探究的问题表述清楚了吗？ 有没有发现有探究价值的新问题？ 通过问题分析，是否需要调整初始问题？
	分析问题	全面分析问题，确定探究的核心问题，列举子问题集	我对问题的对象做出了全面分析吗？ 我对问题的类型、背景、假设、相关的论证、不同的观点、时间性、价值预设等都做出考虑了吗？

续表

要素构成	子要素	细则	任务分解
论证	识别论证	找出回应和解决问题的文本信息中的论证	我有意识寻找了信息里包含的论证吗？ 我有对文本中的论证和解释做出区分吗？
	分析论证	分析论证结构	论证中包含的论证三要素分别是什么？
	评估论证	考察论证质量	我从概念、证据、推理、隐含假设、结论等五个方面对论证进行了全面考察吗？
信息	信息收集	全面寻找包含不同观点、立场及来源的信息	我有广泛寻找信息吗？ 我有没有特别注意寻找包含不同观点的信息？
	信息检验	检验信息来源	我的信息来源可靠吗？ 信息有没有受人为的主观干预影响？
		鉴定信息质量 分析信息中的论证	这则信息和探究问题直接相关吗？ 信息记录细致、准确、全面、客观吗（是否包含了正反双方的观点）？ 信息内容和其他观察、常识一致吗？ 信息中包含的论证质量如何？
竞争性观点	寻求不同观点	寻找替代和对立面观点	主动找到了哪些对立/替代性观点（或问题解决方案）？
	比较对立面观点	在辩证思考中寻求认识上的突破	我是否忠实叙述对立/替代观点的立场理由？ 有没有对反面/替代观点的比较性评估？ 得出探究结论时，有没有"正-反-正"的综合考虑？

五、结语

从苏格拉底的诘问探究法到杜威的科学探究法，再到非形式逻辑与批判性思维，从这一系列转变中可以看到，如何获得探究力，一直处于开放、完善和发展的状态。批判性思维二元问题分析法提供的探究力提升路径，一是继承了苏格拉底的问题启发式探究法精髓，为问题导向的探究行为提供方法论准则；二是吸收了波普尔的批判理性观，把探究行为视为发展知识的智力保证，要求在一个综合考虑反面的、竞争的或替代性观点中获得知识；三是全面融合了非形式逻辑针对真实语境中的论证评估的方法论准则，把论证、信息和辩证性思考作为探究活动的基本要素；四是对问题识别、问题分析、问题评估进行了系统整合，完善了批判性思维在"问题"这个特定的探究方向的发展路径。

因而，要获得好的探究能力，除了了解与批判性思维有关的各种探究方法的背景、对象、理论来源、价值诉求，还要看到各自的限度、关联与作用范围。与之相关的实践活动，也有待在对探究方法更深入研究的基础上，形成更加多元、灵活、开放和有实际效用的有益尝试。

参考文献

[1] 王蓉. 研究生提不出问题，责任在大学和教授 [EB/OL]. https：//news. sciencenet. cn/htmlnews/2020/9/445944. shtm.

[2] 陆根书. 由"中国学习者悖论"引发的思考和建议 [EB/OL]. https：// news. sciencenet. cn/htmlnews/2020/12/449849. shtm.

[3] 文军. 社会科学视野下的"问题意识"与"研究呈现" [EB/OL]. https：//mp. weixin. qq. com/s/4NZP7tunLdRmb28Zv0-weQ.

[4] 陈建新. 研究生培养要恢复加强自然辩证法教学 [EB/OL]. https：//news. sciencenet. cn/sbhtmlnews/2020/10/358124. shtm.

[5] 孙新波. 破除想象力的禁锢：从方法论说起 [EB/OL]. https：//news. sciencenet. cn/htmlnews/2020/12/450267. shtm.

[6] Ennis R. A taxonomy of critical thinking skills and dispositions [M] //Baron J B, Sternberg R J. Teaching thinking skills：theory and practice. New York：Freeman, 1987.

[7] [8] 卡尔·雅斯培. 雅斯培论教育 [M]. 杜意风，译. 台北：台北联经出版事业公司, 1983.

[9] 董毓. 当代批判性思维理论的理性观——一个批判理性主义的视角 [J]. 华中科技大学学报（社会科学版），2014（4）：106-112.

[10] Dewey J. How we think [M]. Boston, New York and Chicago：D. C. Heath, 1910.

[11] 董毓. 批判性思维三大误解辨析 [J]. 高等教育研究，2012（11）：64-70.

[12] Govier T. Rigor and reality [C]. Problems in Argument Analysis and Evaluation. Winsor ON, 2018：1-19.

[13] [20] Ralph H Johnson, J Anthony Blair. Informal logic：an overview [J]. Informal Logic, 2000, 20（2）：93-107.

[14] Stephen E Toulmin, R Rieke, A Janik. An introduction to reasoning [M]. New York：Macmillan, 1979.

[15] 董毓. 演绎形式逻辑的合理性标准不适合实际的论证——对《批判性思维培育的演绎逻辑之根》一点评论和联想 [J]. 批判性思维与创新教育通讯，2020（5）：18-22.

[16] [19] Hitchcock D. The significance of informal logic for philosophy [J]. Informal Logic, 2000, 20（2）：129-138.

[17] Walton D. Practical reasoning [M]. Savage, Maryland：Rowman& Littlefield, 1990.

[18] Govier T. A practical study of argument [M]. Belmont, CA：Wadsworth, 2005.

[21] Facione P. Critical thinking：a statement of expert consensus for purpose of educational assessment and instruction. newark：american philosophical association [EB/OL]. http：// www. asa3. org/ASA/education/think/critical. htm.

[22] [25] [26] [27] 董毓. 批判性思维十讲——从探究实证到开放创造 [M]. 上海：上海教育出版社, 2019.

[23] Batteraby M, Bailin S. Critical thinking as inquiry in higher education [C]. Inquiry：A New Paradigm for Critical Thinking. Winsor ON, 2018：303-326.

[24] Bailin S, Batteraby M. Reason in the balance：an inquiry approach to critical thinking [M]. Cambridge, Mass：Hackett Publishing, 2016.

How to Obtain Good Inquiry Abilities
—On Practice Path of the Critical Thinking's Method of Dual-Level Analysis of Question

Wu Yan

Abstract: The cultivation of innovative talents needs to transform from "learning knowledge" to "exploring knowledge". Critical thinking emphasizes stimulating thinking and developing knowledge in "inquiry and evidence-based arguements", which directly determines the actual effect and future direction of inquiry-based learning. Focusing on the field of critical thinking, studying inquiry methods in different eras and academic backgrounds, grasping their historical trends and cutting-edge developments, is not only a fundamental and direct need, but also a diagnostic and evaluative approach to obtaining good exploration power. Through comparative study, this paper expounds the comprehensive practical value of Critical Thinking's Method of Dual-Level Analysis of Question in improving the direction of inquiry ability, and the inquiry task framework led by it can create conditions for training innovative talents in the new era.

Keywords: critical thinking; inquiry method; Critical Thinking's Method of Dual-Level Analysis of Question

批判性思维标准化测试之困

武宏志

【摘　要】　今天，批判性思维测试已形成一股热潮并被商业化。同时，学生批判性思维现状评价、进步评价和国际比较评价都得到了不同甚至矛盾的结果。这向人们提示了标准化（选择题型）测试工具本身存在不小问题。尽管在可靠性和有效性等（统计学）技术性指标上，各种标准化测试工具不断改善，但在此之外更为基础的方面，它却陷入了一系列困境：测试的便利性与批判性思维的本质相矛盾；批判性思维的丰富性、复杂性与测试狭窄覆盖范围相矛盾；测试的人为任务与真实任务相矛盾；所期望的答案与更合理答案相矛盾；矫正应试教育的初衷与诱惑刷题相矛盾。其实，批判性思维技能和倾向的复杂性，使其难以用一种标准化格式予以量化、把握和衡量。

【关键词】　批判性思维评价；标准化测试工具；选择题型；实作评价

既然批判性思维（CT）被确立为一个明确的教育目标，那么找到一种合适的方法来评价 CT 学习结果就顺理成章。从 20 世纪 90 年代中期开始，通过大范围测试进行教育评价和问责的做法势头强劲。尤其是，2006 年美国教育部的《斯佩林斯报告》（*Spellings Report*），极大促进了人们对评价学习结果尤其是 CT 这一核心学习成果指标的兴趣。自那时起，对评价和问责的关注进一步增长。例如，在美国，采用学生一般学习成果的外部测试标准的高等教育机构的比例，从 2009 年的不到 40% 增长到 2013 年的近 50%。[1] CT 测试已变成一门大生意。所谓"毕业生能力"（graduate competencies）的概念，以及与之相应学生期望通过参与学术生活获得的技能或属性清单，都与 CT 测试有关。对于美国的高校乃至全世界的高校，通过有效、可靠的手段来评估 CT 愈益重要。据调查，美国 1202 所院校近 60% 的教务长或首席学术官认为，CT 评估是他们的"首要任务"。CT 测试成为课程教学效果、入学录取和岗位聘用以及教育计划的基础。已有数十种 CT 测试工具开发出来。CT 测试工具的不同语言版本和在线测试版本的开发也如火如荼。网络自测与教科书附带的自测（前测和后测）也司空见惯。① 最近对 ChatGPT 的 CT 能力测试也引发关注。

[作者简介]　武宏志，男，延安大学 21 世纪新逻辑研究院，主要从事非形式逻辑和批判性思维的研究。

[基金项目]　本文为 2020 年度教育部人文社会科学研究青年基金项目"佩雷尔曼新修辞学论证理论研究"（20YJC72040001）的阶段性研究成果。

①　例如，Starkey L. Critical thinking skills success in 20 minutes a day［M］. 2nd ed. New York：Learning Express，2010.

2021年新出版的两本书——《批判性思维和推理：理论、发展、教学和评价》和《批判性思维教育和评价：高阶思维能测试吗？》（第2版）也标志着学术界持续关注测试问题，它们是之前系统研究的继续。① 因此，一些密切关联的重要问题就突出起来：学生在学习期间通常执行的任务需要哪些技能？传统CT测试能在多大程度上衡量它们？用标准化考试来测量教育成果会对教学方式产生什么影响？是否有其他形式的CT评价提供更有效、更适当的评估手段？[2] 越来越多的研究和实践引发了一种疑虑：CT能力怎么能用那些主要由多项选择题以及严格的对错评分标准构成的工具来准确衡量？[3]

一、测试数据及其解释的"群殴"

约30年前，范西昂（Peter A. Facione）忧心忡忡地将批判性思维评价喻为"评价的越南"；今天，CT测试这个教育议程的中心话题，陷入了"高风险"氛围。[4] 学生CT现状评价、进步评价和国际比较评价研究，都得到了不同甚至矛盾的结果。

在现状评价方面，来自社会尤其是雇主的基本评价是：CT能力和倾向是一种"短缺供应"。技能差距（skills gap）或技能短缺（skills shortage）已成为热词。美国学院和大学协会（AAC&U）2020年10月进行的在线调查（第7次雇主调查）发现，与学生对自己的高估不同，40岁以下的雇主认为大学毕业生在CT技能方面"准备充分"的比例为48%，而50岁及以上的雇主认为"准备充分"的只有23%。[5] 在人力资源管理学会（Society for Human Resource Management）对2万名美国人力资源管理学会会员的调查（2019）中，74%的人说，雇主在寻求具有机器不能取代的CT技能的工作者。然而，教育系统在解决技能差距方面，尤其是在人力资源主管认为求职者缺乏的CT等领域，做得不够。[6] 根据CAT（200多个机构使用）开发者的全国数据库中33000名以上学生的成绩，四年制大学中4个年级的学生CAT测试平均成绩分别为不到15分、16分、17分和不到19分。尽管在4年中平均增幅约为26%[7]，但最终（四年级）平均得分不到19分（满分为38分），不及格。[8]

进步评价方面，在早先多机构的研究中，约92%的学生报告了CT的进步。[9] 阿鲁姆（Richard Arum）和洛克萨（Josipa Roksa）的一个结论得到教育文献、大众媒体和受过教育的外行人的赞同：45%的大学生在CT技能方面没有明显进步。[10] 而莱恩（David Lane）

---

① 即 Fasko D Jr. Fair F (eds.). Critical thinking and reasoning: theory, development, instruction, and assessment [M]. Leiden: Koninklijke Brill NV, 2021; Sobocan J (ed.). Critical thinking education and assessment: can higher order thinking be tested? [M]. 2nd ed. Windsor: Windsor Studies in Argumentation, 2021. 之前，批判性思维测试的重要著作有：Glaser E M. An experiment in the development of critical thinking [M]. New York: Bureau of Publications, Teachers College, Columbia University, 1941; Norris S P, Ennis R H. Evaluating critical thinking [M]. Pacific Grove, CA: Midwest Publications, 1989; Alec Fisher A, Scriven M. Critical thinking: its definition and assessment [M]. Point Reyes, CA: Edgepress, 1997; Fasko D (ed.). Critical thinking and reasoning: current research, theory, and practice [M]. Cresskill, NJ: Hampton Press, Inc., 2003; Govier T. Problems in argument analysis and evaluation [M]. Windsor studies in argumentation (Book 6). Windsor, ON: University of Windsor, 2018.

和奥斯瓦尔德（Frederick L. Oswald）的分析指出，由于统计上的错误，实际上有显著进步的学生要少得多。[11] 然而，最近对71项研究的分析表明，在大学期间，学生CT能力和倾向确实有所提高。[12] 这种进步评价上的不同结论，确实突显了使用高质量评估和确保被试认真对待评估的重要性。[13]

国际比较方面的CT评价，混沌和冲突的状况更为严重。例如，中美（或者东西方）学生CT状况的比较测试，时有截然相反的结论。一项迄今最大规模跨国比较研究，使用美国教育考试服务中心（ETS）HEIghten®系列的CT测量工具（分别翻译成中国、印度和俄罗斯母语），测量中国、印度、俄罗斯和美国学生（计算机科学和电子工程专业）识别假定、检验假说和得出变量间关系的能力（没有报告设想和提出替代观点、考虑和对付反论证等批判性思维核心技能）。该研究以《中国、印度、俄罗斯和美国大学STEM教育的技能水平和收益》为题正式发表。该文陈述研究结果时指出：中国大学一年级学生表现出与美国大学一年级学生相似的CT技能水平，得分高于印度和俄罗斯大学一年级学生。中国大学二年级学生的CT得分仍然远远高于印度大学二年级学生，略高于俄罗斯大学二年级学生，并与美国大学二年级学生相当。然而，在四年级结束时，中国学生的得分仍然远高于印度学生；他们的分数与俄罗斯学生的分数在统计上没有区别，但远远低于美国四年级学生。中国、印度和俄罗斯的学生从一年级开始到二年级结束，CT技能的提高微乎其微；美国学生在前两年也没有显著提高。然而，中国、印度和俄罗斯学生在大学最后两年的CT技能显著下降。相比之下，美国学生从大学中期到末期，CT技能显著提高。[14] 这是"退步说"。但是，使用ETS"水平轮廓考试"CT部分（ETS Proficiency Profile Critical Thinking，共27题）的汉化版①对中国学生样本的测试结果与洛亚尔卡（2016，2021）使用HEIghten™ 的测试结果大为不同。大学一、二、三年级的学生得分随年级的升高而上升。[15] ETS研究人员引述了中国研究者使用加利福尼亚CT技能测试（CCTST）和倾向测试（CCTDI）对上海3所普通高校学生的测试结果：50%的被试在技能方面属于不熟练或局部熟练；被试的平均得分低于美国CCTDI基准；科学专业学生的得分显著高于人文学科的学生；三年级学生好于新生和二年级学生。[16] 这是"进步说"。还有一项研究对6845名中国高中生（大多数为高一、高二学生）和中国大学生（样本来自中国内地38所从大专或职业大学到985高校的各类学校）、美国大学生（样本来自40多所高校，包括州立大学、研究型大学及私立文理学院）进行比较测试。其中，82%的高中生来自重点高中且自主选择参加本次考试。使用的工具是HEIghten™ 的CT测试（Educational Testing Service，HEIghten™ Critical Thinking Test，简称HCT）。HCT包括26个基于实例分析的选择题，1小时内完成，每题答对得1分，答错得0分，原始分满分为26分。测得能力等级水平数据如表1所示。

---

① ETS Proficiency Profile，简称EPP，由Undergraduate Assessment Program发展而来。EPP测试包括对学生阅读、批判性思维、数学、写作四种能力的测试，全部测试共计108题，题目形式为多项选择题。研究者根据EPP测试形成EPP（中国）批判性思维能力测试。EPP（中国）批判性思维能力测试的内容主要包括7个方面：评估竞争的因果解释，评估假说与已知事实的一致性，为评估一个论证或结论而决定信息的相干性，判定一个艺术解释是否得到作品中所包括证据的支持，识别一件艺术品的特色和主题，评估考察一个因果问题之程序的妥适性，评估事实数据与已知事实、假说和方法的一致性。

表 1 能力等级水平数据

项目	中国高中生	中国大学生	美国大学生
初级水平	9%	24%	48%
中级水平	83%	63%	40%
高级水平	9%	13%	12%

该研究得出的结论是：高中学生的 CT 能力还有很大程度的提升空间；对当前中国基础教育对学生核心素养的培养和发展提出了挑战。[17] 但是，人们不难发现，在初级水平和高级水平上，大学生优于高中生，似乎也可以得出"进步说"；而从中级水平看，似乎又符合"退步说"。按照上述能力等级水平，中级能力差距显著，高级能力差距不大，理所当然应该"提升"大学生的 CT 能力。难道奥秘在于"82% 的高中生来自重点高中且自主选择参加本次考试"？

其他比较研究结果也在"掐架"。传统上，跨文化 CT 通常给人的刻板印象是：中国人不擅长 CT。但有人现在用试验数据说：中国人和美国人都认为，中国人在演绎推理（一种被假定与 CT 相当的技能）方面表现更好，因而在 CT 方面表现更好，而美国人在创造力方面表现更好。因此，东方文化可以鼓励更多的创造力，西方文化可以鼓励更批判地思考。[18] 不过，最新的相关分析表明：没有证据支持中国学生比其他学生有更高或更低的 CT 技能的说法。在所分析的 9 项研究中，3 项研究称中国学生的 CT 技能高于其他国家的学生，2 项研究称中国学生的 CT 技能水平较低，4 项研究的结果好坏参半。5 项关于 CT 倾向的研究表明，中国学生的 CT 倾向较低（并不等于 CT 能力较弱）。1 项关于 CT 风格（critical thinking style）的研究表明，中国学生更喜欢信息寻求而不是批判性思维。几乎所有研究都使用弱设计的小规模（small-scale using weak designs）研究。[19]

二、标准化测试之困

CT 评价结果的乱象牵涉多种原因，其中一个重要因素是测试工具的问题。测试工具依不同标准可划分为不同类型。

有依赖于再认记忆（recognition memory）的测试与依赖于回想记忆（recall memory）的测试。再认记忆是在回答多项选择题时使用的记忆类型。这类问题往往需要较少的努力，因为已经提供了提示（例如，唯一正确的答案就在提供的选项里），也更容易被猜测。回想记忆是当被试回答一个简短答案或写作问题时使用的记忆类型，需要更多的努力，因为被试必须在没有任何线索的情况下从自己的记忆中检索答案。[20] 与大多数标准化测试评价的选择题型不同，基于实作的评价（performance-based assessments）采用开放式题型。CT 技能的真实评价（authentic assessments）就是让学生在真实生活情境中展现他们的能力。一般做法是向学生提出一些脚本，它们代表学生在现实世界中会遇到的问题，要求学生生成对这些问题的解决办法。人们认为，对于学生在多大程度上形成假说、辨识谬误推理和确认隐含的且可能不正确的假设，唯有开放性任务能真正处理。实作技能评价还可以测出以融贯论证去组织思想和表达思想的能力，而这是标准化测试不可能完成的。由于开放式题型更好地把握了 CT 的构成，对 CT 的倾向维度更为敏感，因而比传统多项选择格式更适合评价 CT。进入 21 世纪陆续出现并逐渐流行起来的新 CT 评价工具，如大学学习评价（Collegiate Learning Assessment，2002，2007）、CT 评价测试（Critical thinking Assessment Test，2004）、哈尔彭 CT 评价（Halpern Critical Thinking Assessment，2010）以及 ETS 前不久开发的 CT 评价（HEIghten Critical Thinking Assessment，2014），总体来看，绝大部分属于实作技能评价（尽管其中多多少少有一些选择题）。

从 CT 概念构成的角度，可以区分技能评价与倾向评价。CT 技能评价测量与 CT 相关的认知技能，CT 倾向（tendency 或 disposition）测量运用 CT 的心理特征或自觉态度。但是，使用选择题型的倾向测试有一个致命缺陷：当很容易知道选择哪个选项得高分时，即便选择的问题答案并不符合被试的真实情况，被试也会为得到最高分而选择那个选项。例如，对于"反对别人的观点需要提出理由"（CCTDI 第 38 题）这样的正性题目和"即使证据与我的观点不符，我也坚持我的信念"（CCTDI 第 19 题）这样的负性题目，不管被试在真实语境中倾向于如何做，其都会对前者选"强烈同意"，对后者选"强烈不同意"，以得到此题最高分。其实，评价 CT 倾向的一种更可靠而直接的方法是，看看人们在将自己的倾向暴露出来的情况下做了什么。

大多数测试是一般 CT 技能评价。有人担心，强调评价一般技能的测试可能会忽视 CT 的领域特异的方面。按照欧洲的研究，各学科的 CT 侧重点不同，所以要小心对待跨学科比较的结果，不应忽视学科特色技能评价。除了专门的"一般"CT 技能测试，也有非专门测试——在一个更大测试（如学术能力和学习结果的测量）中包括的一般 CT 测试。还有两种更小范围的测试：学科领域 CT 测试与 CT 子技能专项测试。前者如"心理学 CT 考试"（Psychological Critical Thinking Exam）[21]，以及斯滕伯格（Robert J. Sternberg）等制定的一项科学探究和推理的测试工具，它旨在评估参与者为探究一个主题或解决一个问题利用科学方法和科学思考的能力，评估学生与科学相关的特定领域的 CT 能力。[22] 著名 CT 专家诺里斯（Stephen P. Norris）等开发了 CT 子技能专项测试——评价观察测试。在测试中表现好的人对评价观察陈述的原则（31 条）掌握得很牢固，而那些表现不佳的人对这些原则只有很弱的掌握。[23]

相较于流行的纸-笔测试评价，综合评价可能意义更大。其实，早期的测试研究就不是单纯纸-笔评价，而是综合性评价。比如，格拉泽的测试研究，在 10 周结束时实验组和对照组的学生都被重新测试，并分析他们的分数。于此之外，还采用其他 5 种评估教学效果的方法：实验班教师的评价、学生评价、与选定的学生面谈评价、作者作为课堂观察员的评价和课堂教学笔记的评价，以及隔 6 个月重新测试的评价。[24] 由于将测试做成生意首先要受到成本的严重影响，因而选择题型成了主流。戈维尔（Trudy Govier）提出，"一个人在改进戏剧或修改社会理论的基本假设时可能会进行的那种批判性思考，不太可能在一次机械性 50 分钟测试中引发"。她也认为，美国哲学学会（2008）对哲学课评估的立场是正确的做法：我们不需要前后测试，而应坚持标准的论文作业、期中考试和综合期末考试，以确定我们的学生是否达到了课程的预期学习成果。[25]

多项选择题型的标准化评估的优越性已被整个社会认可。尽管多项选择题测试的统计技术方面日臻完善，但其他方面的问题尚未引起重视。虽然，在大多数大型标准化测试手册中都有提醒对数据的解释不能超出结果之意涵的警告,但评估结果的使用可能远远超出其预期目的;更有一些用户将评估结果视为决定性的、终极的,而它们本来是试探性、脆弱的记载。[26] 事实上,不夸张地说,CT 标准化测试陷入了困境。

1. 测试的便利性与 CT 的本质相矛盾

用选择题型测试 CT 技能和倾向容易评分,成本低廉,也可以确保涵盖 CT 的某些方面。然而,这种便利性很大程度上以牺牲测试的准确性为代价,最终可能得不偿失。在大方向上,CT 发挥作用的场景是不确定情境(uncertain situations)或不确定问题情境(uncertain problem situation),它要处理的问题往往是非良构的,既没有单一解决办法,也无标准答案。然而,标准化测试的优越性恰恰是基于有标准答案(唯一正确答案)的良构问题。即使通过 CT 得出了强有力的结论,这个结论也是可错的、可撤销的。所以,CT 的可错论立场扎根于不确定性,它使得推理者依据可用的最佳理由和证据得出结论,辩护主张,进而采取行动,同时又保持开放心态,乐意在新证据或更强论证面前修改甚至放弃自己的观点。对自己信念的批判性审视和再审视,即自我监控以及随之而来的自我调节,是 CT 的基石。在更深层次上,这种自我反省除了包含理性思维(接受被最佳论证和最强证据所证明的看法的能力和意愿)而外,还在可错性原则的基础上,以开放思维、公正思维和明断为特征。开放思维,即知道、理解、学习反对一个人自己看法的论证、证据和理由的能力和意愿。公正思维,即鉴赏反对一个人自己看法的论证和理由之力量的能力和意愿,甚至在试图批评或反驳这些论证和理由的时候。明断,即不偏倚、平衡、中道的意愿和能力,意味着:避免单边——恰当考虑一个议题的所有不同方面;避免极端——恰当考虑某一维度的两个对立面。因而,标准化测试怎么能合理地用于测试一个人在需要现实推理的"复杂和多层次"情境下的 CT 能力?有什么令人信服的证据可以证明,能够回答标准化测试那种人为问题的人,就是能批判地思考各种问题的人?标准化批判性思维测试的价值很容易被夸大。[27]

2. 测试狭窄覆盖范围与 CT 的丰富性、复杂性相矛盾

标准化测试工具试图测试的能力范围比 CT 技能清单涉及的范围要小得多。例如,CCTST 测量的仅仅是 250 个以上一般批判性思维技能中的 17 个。而且,"慢思维"与 1 课时左右的测试时间也相冲突。因此,标准化测试所测量的充其量是最低限度的能力,而非对 CT 的充分测量。[28] 恩尼斯在反思自己开发的工具时也承认,康奈尔批判性思维 X 级和 Z 级测试就缺少价值判断(value judging)测试和对倾向的直接测试;X 级没有对意义能力(meaning abilities)的测试,用选择题测试这些东西有困难。[29] 论辩理论家约翰逊(Ralph H. Johnson)在分析恩尼斯-维尔测试(测试指南)后得出结论:这个测试是一个很好的推理测试,因为它适用于论证的推论核(illative core),但不是一个测试辩证维度(dialectical dimension)之技能的好测试。换言之,尽管该工具测试了 CT 的思维维度,但在测试批判维度方面做得还不够。在大多数情况下,所测试的是在推论核层面上发现论证缺陷的技能,而测试被试的辩证技能(dialectical skills)的内容并不多。需要通过提出 3 类问题来评估这种技能。Q1:有问题的反对意见被准确地陈述了吗?为此,被试必须熟悉所讨论的问题发生的背景。Q2:对反对意见的回应是否充分(辩证的充分性)?Q3:是否还有其

他更紧迫、更突出的反对意见是论证者应该处理的？被试必须熟悉辩证情境（dialectical situation）——其他作者提出了哪些反对意见，哪些是最严重的，等等。[30] 这一分析同样适用于其他标准化测试工具。另一位论辩理论家格罗尔克（Leo Groarke）也指出，很难看出诸如自我调节这种代表 CT 本质的技能如何能在 CCTST 这类考试中得到检验。鉴于我们希望确定某人对其信念持开放态度的程度，我们需要观察其对这些信念进行批评的意愿，对反驳证据的反应，等等。就其功能来看，CCTST 只是一个更一般的推理技能测试。推理能力和自我调节之间的差异在那些拥有复杂推理能力但对自己的信仰持教条主义态度的人身上表现得很明显。[31] 在如此狭窄范围的测试中取得好成绩的某个人，不见得具有一般 CT 能力。

3. 测试的人为任务与真实任务相矛盾

测试中的题目任务与真实的学术任务，或真实世界中需要运用 CT 解决的那类任务，有巨大反差。大多数 CT 技能涉及"供给"应答而非"选择"应答，即涉及发动应答而非从给出的选项中选择。它还涉及对这些"供给"应答本身的反思（对思维的思考），也涉及原创思维（originating thought）以及进而对原创思维的认真审查。[32] 的确，在多项选择题测试中，CT 的创造性方面往往被忽视。比如，制定假说、形成计划实验的创造性部分、制定定义以及提出恰当问题。这些都需要更多开放式评估。在检测最佳说明归纳（best-explanation induction）和可信度判断（judging of credibility）的技能方面，多项选择题测试也有许多局限性。当我们得出归纳的可信结论，判断它们，甚至决定证据对它们的影响时，我们依赖大量关于事物运作方式的辅助假设（auxiliary assumptions）。就像在现实生活中一样，当要求学生承诺他们也许并不共享的看法时，对所有这些背景信念假设的需求就存在于测试情境中。因为不同的人会对这类决定产生不同的辅助假设，最合理的方法需要大多数人都同意的辅助假设。我们并不想因为被试对世界的运作方式持有不同信念而对其惩罚（扣分）。[33] 标准化考试只允许一个正确答案，这剥夺了学生表达自己想法的机会，也阻止了教师试图以富有想象力的方式看待学生回答的机会。如果所使用的测试不允许富有想象力的、批判的反应，那我们就是在用行动表明：我们更喜欢循规蹈矩而不是创新思维；更喜欢安全谨慎的反应而不是大胆的猜测。[34] 多项选择题也剥夺了考生为自己的思考提供证据，尤其是说明他们选择答案背后的原因的机会，而这是判断学生是否参与批判的创造性思维（creative critical thinking）的关键。[35] 似乎不可能开发出能够网罗"所有可以想象的答案"的范围。看出学生是否能在推理中发现标准的逻辑或语言缺陷相对容易，但要评估他们是否有能力发展出看待事物的新方法，然后根据这种"新颖性"或某种程度的想象力给他们打分，则要困难得多。更深入地说，人们可能会怀疑，大多数标准化考试所强调的对死记硬背技能的缺乏想象力的练习，是否助长了本质上是不自由的、非创造性的思维习惯。[36] 可见，从批判性思维包含创造性思维元素的角度考虑，多项选择题测试完全不能胜任测试批判性思维的重任。考虑到学生在完成真实场景下的任务时所需的基本工具，促进批判性思维在很大程度上是帮助学生掌握使五种智力资源（intellectual resources）——背景知识（background knowledge）、判断标准（criteria for judgment）、批判性思维词汇（critical thinking vocabulary）、思维策略（thinking strategies）和心智习惯（habits of mind）——不断扩大的技能。关键的考虑不是教师是否同意学生得出的结论,而是支持其答案的思维质量。在评估批判性思维时,教师应该寻找证据,证明学生的答案能够有效地体现相关基本工具。[37]

4. 所期望的答案与更合理的答案相矛盾

开发者专注于工具的有效性和可靠性等技术性统计属性,但解决技术性统计问题的前提条件是题目没有歧解,标准答案唯一正确。第一,测试的广泛接受取决于人们认为它在科学上是中立和客观的,只有设定唯一"正确"答案的测试才能做到这一点。[38] 然而,如前所述,谋求绝对、唯一的"正确"和"错误"答案与 CT 的本质不合拍。第二,要保证题目的答案唯一正确,就得确保题目本身的一些品性。比如,问题和说明性材料必须排除不同解释的可能性;必须清晰明了,用简短语句表达出来;除非能够期望被试对某问题有统一的知识(这一条件在实践中很少得到满足),否则不能假定对任何具体实质性问题的许多背景知识;必须避免使用有趣的修辞手法以及隐含的模棱两可;当然,更不能使用包含和利用意义之细微差别的材料。这些必要的限制意味着 CT 的许多方面不可能包括在这种测试中,因而考试几乎总是使用虚构的而不是真实的段落。涉及 CT 的问题太深刻,不能用受到严格时间限制的简短回答来解释;这些问题本质上太有争议,不能在一组答案中达成充分的一致;这些问题有时甚至很难用几句话来概括。重视 CT 的这些方面,很可能就得出 CT 能力不能通过机械的简短回答方法来测试的结论。[39] 在这里,标准化测试似乎陷入了进退两难。如果让有争议的题目从批判性思维测试中完全消失,肯定会付出极大限制测试范围的代价;如果大大增扩测试的范围,就得放弃前述某些限制性要求,有争议的题目无疑会增加,唯一"正确"答案就不能保证,"中立和客观"就会落空。由此来看,标准化测试中对某些应该测试内容的"遗漏",很可能不是因为开发者认为这些材料与 CT 无关,而是因为在这些领域构建无可争议的题目很困难,甚或不可能。[40] 第三,有争议、歧解的问题和答案可能导致荒谬结果。判断答案是唯一正确的,绝对至关重要。除非满足这个初始的逻辑哲学条件,否则任何关于 CT 测试有效性的论证都是无用的。尽管一般情况下,测试演绎逻辑能力的题目可能比其他论证能力的题目更中性,更容易编制唯一正确答案,但研究表明,语言、内容和语境因素以及非逻辑偏见可能影响演绎推理基本能力不会像逻辑学家和哲学家传统上所期望的那样迁移。例如,当一个人谈论某一熟悉主题时,他也许能够处理条件句,但当谈论一个不熟悉主题时,他们也许就不能处理了。[41] 然而,测试者以为可以得到唯一正确答案的无争议、无歧解的问题,很难保证不出现"意外"。1980 年,有一项关于测试歧义的科学研究。在实验中,研究人员向儿童展示了一盆花、一盆卷心菜和一盆仙人掌的图片,问他们:"哪种植物需要最少的水?"希望的答案(标准正确答案)是"仙人掌"。11 个孩子中有 9 个选择了"仙人掌"。但有一个孩子选择了"卷心菜"。研究者问孩子们选择自己答案的理由。选择了"卷心菜"的那个孩子解释说:只有在你清洗卷心菜的时候才需要水。因为画中没有任何东西表明卷心菜生长在花园里,而不是放在冰箱里。所以,这个孩子的答案至少和期望的答案一样合理,而且可能更聪明一点,因为它表明他比别的孩子更深入地研究了这个问题。但是,在真实的考试中,他的分数当然会更低。欧文(David Owen)不无讽刺地评论说:"在那个聪明孩子的应试生涯中,他将不得不认识到,进一步钻研是个致命错误。"[42] 今天的评论者也发现一个悖谬现象:与预期测试水平相比,被试的水平越高,他们就越倾向于质疑答案。这表明,特别有能力的学生可能实际上在这些测试中处于劣势。[43] 波辛评论 W-G 测试的文章使用了一个副标题"你知道得越多,你的分数越低"来讥讽这一弊端。[44] 第四,缺失答案检验。按照科学的一般标准,正确结果需要独立的核查验证。但测试工具,尤其是商业化工具的验证,全是开发者自己实施的。参与德尔菲项目的学科专家在制定 CCTST 及其答案要点中没有发挥作用。这些答案密钥一直不被专家评审员使用,无法验证用于当前 CCTST 评分答案的正确性。[45] 外部研究者一直不能得到官方答案。格罗尔克曾两次与 CCTST 的发行商 Insight Assessment 讨论过这个问题。他购买了考试包,并解释说只会用答案来评估考试。但他们仍拒不提供。鉴于批判性评估是实施可接受的 CT 测试的一个重要先决条件,格罗尔克愤而质疑:CT 共同体是否应使用任何不能用于独立评估的测试?[46] 事实上,标准化测试工具所牵涉的问题,并非标准化 CT 工具所独有,像 GRE 和 CAT,也受到了同样的批评。ETS 也曾承认(1979),它的一些"正确"答案实际上是错误的。[47]

5. 矫正应试教育与诱惑刷题相矛盾

在某种意义上,CT 教学是为了矫正应试教育的弊病。但是,标准化 CT 测试可能诱惑教师为对付评价把 CT 教学又搞成应试辅导和学生刷题。欧文曾在批评 ETS 的文章中报告,在他的《哈泼斯》(Harper)杂志编辑部同事中,那些习惯于参加 SAT 考试的人能够在没有阅读文章的情况下正确回答就文章提出的问题。他们之所以能这样,大概是因为他们对测试人员的背景假设和提问方式很敏感。他给《哈泼斯》社论会议的 4 个人提供阅读测试题(5 道题),同事中最小的成员,极为熟悉 SAT 考试,答对了全部题目。两个年长的编辑答对了 3 个。一个来自英国的编辑只答对 1 个,他从未参加过(甚至看到过)SAT 考试。因此,在考试分数与熟悉 ETS 思维方式(mentality)之间有完美的相关性。欧文质问:关于人们生活的重大决定真的应该取决于几周(有人说是几小时)练习就能影响到的分数吗?[48] 据说,为对付辅导刷题,2016 年的新 SAT 在结构和样式上做了革新或调整。按照 SAT 官方介绍,新 SAT 的 8 个主要特点中有 5 个与 CT 有关:第 2 点"掌握证据"(command of evidence),第 3 点"分析原始资料的作文",第 5 点"根植于真实世界语境的问题",第 7 点"美国建国文献和伟大的全球对话",第 8 点"猜错了也不受惩罚",即鼓励考生给出每一问题的最佳回答。[49]

CT 的技能和倾向太复杂,难以用一种标准化格式予以把握和衡量。许多教师(55%)认为,强调标准化测试使 CT 教学变得更加困难。教师们(52%)普遍认为,他们自己的测试在衡量 CT 能力方面做得更好。[50] CT 专家提出这样的疑问:一个社会要求人们按照简短而清晰的指令来证明 CT 这种必不可少、深刻、广泛的人类能力是否有些荒谬?哲学家声称在 CT 方面的专业知识有助于追求这一可疑的抱负是否也有些荒谬?如果 CT 测试有严重的理论缺陷,哲学家和心理学家就不应该依靠它们来做出关于群体或个人的重大决定,也不应该鼓励其他人这样做。我们应该用所拥有的 CT 能力来抵制社会上那些要求一个单一的数字、在 50 分钟的电脑评分考试后的所获来代表 CT 能力的那种势力。[51]

参考文献

[1][2] Rear D. One size fits all? the limitations of standardised assessment in critical thinking [J]. Assessment & Evaluation in Higher Education, 2019, 44 (5): 664.

[3] [4] Sobocan J (ed.). Critical thinking education and assessment: can higher order thinking be tested? [M]. 2nd ed. Windsor: Windsor Studies in Argumentation, 2021.

[5] Ashley Finley. How college contributes to workforce success: employer views on what matters most [M]. Washington, DC: Association of American Colleges and Universities, 2021.

[6] Building tomorrow's work force: what employers want you to know [M]. Washington, DC: The Chronicle of Higher Education Inc., 2022.

[7] Harris K, et al. Identifying courses that improve students' critical thinking skills using the cat instrument: a case study [C]. Proceedings of the Tenth Annual International Joint Conference on Computer Information, Systems Science, and Engineering, 2014: 2.

[8] Possin K. CAT Scan: a critical review of the critical thinking assessment test (CAT) [J]. Informal Logic, 2020, 40 (3): 501.

[9] Park J H, et al. Fostering creativity and critical thinking in college: a cross-cultural investigation [J]. Frontiers in Psychology, 2021, 12.

[10] Arum R, Roksa J. Academically adrift: limited learning on college campuses [M]. Chicago: University of Chicago Press, 2011.

[11] Lane D, Oswald F L. Do 45% of college students lack critical thinking skills? revisiting a central conclusion of academically adrift [J]. Educational Measurement: Issues and Practice, 2016, 35 (3): 23.

[12] Huber C R, Kuncel N R. Does college teach critical thinking? a meta-analysis [J]. Review of Educational Research, 2016, 86 (2): 431-468.

[13] [20] Butler H A. Assessing critical thinking: challenges, opportunities, and empirical evidence [M] //Daniel Fasko Jr, Frank Fair (eds.). Critical Thinking and Reasoning: Theory, Development, Instruction, and Assessment. Leiden: Koninklijke Brill NV, 2021.

[14] Loyalka P, et al. Skill levels and gains in university STEM education in China, India, Russia and the United States [J]. Nature Human Behaviour, 2021, 5 (7): 892-904.

[15] 赵婷婷,杨翊,刘欧,等.大学生学习成果评价的新途径——EPP(中国)批判性思维能力试测报告 [J].教育研究,2015,36 (9):64-71,118.

[16] Liu O L, et al. Pilot testing the chinese version of the ETS proficiency profile critical thinking test [R]. ETS Research Report Series, 2016 (2): 8-9.

[17] 凌光明,刘欧.中国高中生批判性思维能力的测量及其影响因素初探 [J].中国考试,2019 (9):1-10.

[18] Park J H, et al. Fostering creativity and critical thinking in college: a cross-cultural investigation [J]. Frontiers in Psychology, 2021, 12.

[19] Fan K, See B H. How do chinese students' critical thinking compare with other students?: a structured review of the existing evidence [J]. Thinking Skills and Creativity, 2022, 46: 101145.

[21] Lawson T J, et al. Measuring psychological critical thinking [J]. Teaching of Psychology, 2015, 42 (3): 248-253.

[22] Sternberg R J, Sternberg K. Measuring scientific reasoning for graduate admissions in psychology and related disciplines [J]. Journal of Intelligence, 2017, 5 (4): 34-63.

[23] Norris S P, King R E. The design of a critical thinking test on appraising observations [C]. St. John's, NL: Institute for Educational Research and Development, Memorial University of Newfoundland, 1984.

[24] Glaser E M. An experiment in the development of critical thinking [M]. New York: Bureau of Publications, Teachers College, Columbia University, 1941.

[25] [39] [40] [41] [43] [51] Govier T. Problems in argument analysis and evaluation [M]. Updated Edition, Windsor Studies in Argumentation Vol. 6, Windsor, Ontario: University of Windsor, 2018.

[26] Murphy S. Matters of goodness: knowing and doing well in the assessment of critical thinking [M] //Jan Sobocan (ed.). Critical Thinking Education and Assessment: Can Higher Order Thinking Be Tested? 2nd ed. Windsor: Windsor Studies in Argumentation, 2021.

[27] [31] [46] Groarke L. What's wrong with the california critical thinking skills test? critical thinking testing and accountability [M] // Jan Sobocan (ed.). Critical Thinking Education and Assessment: Can Higher Order Thinking Be Tested? 2nd ed, Windsor: Windsor Studies in Argumentation, 2021.

[28] [32] Fawkes D, et al. Examining the exam: a critical look at the california critical thinking skills test [J]. Science & Education, 2005, 14 (2): 128, 130.

[29] [33] Ennis R H. Investigating and assessing multiple-choice critical thinking tests [M] //Jan Sobocan (ed.). Critical Thinking Education and Assessment: Can Higher Order Thinking Be Tested? 2nd ed, Windsor: Windsor Studies in Argumentation, 2021.

[30] Johnson R H. The implications of the dialectical tier for critical thinking [M] // Jan Sobocan (ed.). Critical Thinking Education and Assessment: Can Higher Order Thinking Be Tested? 2nd ed, Windsor: Windsor Studies in Argumentation, 2021.

[34] Hare W. Imagination, critical thinking, and teaching [M] //Jan Sobocan (ed.). Critical Thinking Education and Assessment: Can Higher Order Thinking Be Tested? 2nd ed., Windsor: Windsor Studies in Argumentation, 2021.

[35] Sobocan J. The ontario secondary school literacy test: creative higher-order thinking? [M] //Jan Sobocan (ed.). Critical Thinking Education and Assessment: Can Higher Order Thinking Be Tested? 2nd ed., Windsor: Windsor Studies in Argumentation, 2021.

[36] Sobocan J (ed.). Critical thinking education and assessment: can higher order thinking be tested? [M]. 2nd ed. Windsor: Windsor Studies in Argumentation, 2021.

[37] Case R. Teaching and assessing the "tools" for thinking [M] // Jan Sobocan (ed.). Critical Thinking Education and Assessment: Can Higher Order Thinking Be Tested? 2nd ed, Windsor: Windsor Studies in Argumentation, 2021.

[38] [42] [47] [48] Owen D. 1983: The last days of ETS' [J]. Harper's, May 19 1983 E3: 25.

[44] Possin K. Critique of the watson-glaser critical thinking appraisal test: the more you know, the lower your score [J]. Informal Logic, 2014, 34 (4): 393.

[45] Hatcher D, Possin K. Commentary: thinking critically about critical-thinking assessment [M] // Daniel Fasko Jr, Frank Fair (eds.). Critical Thinking and Reasoning: Theory, Development, Instruction, and Assessment. Leiden: Koninklijke Brill NV, 2021.

[49] 2016-2017 The SAT student guide [C]. The College Board, 2016.

[50] The State Of Critical Thinking 2020 [EB/OL]. https://reboot-foundation.org/wp-content/uploads/_docs/Critical_Thinking_Survey_Report_2020.pdf.

The Dilemma of Standardized Tests of Critical Thinking

Wu Hongzhi

Abstract: Today, the critical thinking test has formed a craze and has been commercialized. At the same time, students' critical thinking status evaluation, progress evaluation and international comparative evaluation have obtained different and even contradictory results. This suggests to people that there is a problem with standardized (multiple choice questions) testing tools. While standardized testing tools continue to improve on technical (statistical) metrics such as reliability and validity, they run into a series of dilemmas on more basic aspect: the ease of testing contradicts the nature of critical thinking; The richness and complexity of critical thinking contradicts the narrow coverage of testing; The artificial task of the test contradicts the real task; A desired answer contradicts a more reasonable answer; The original intention of correcting examination-oriented education contradicts the temptation to immerse oneself in exercises. In fact, the complexity of critical thinking skills and tendencies makes them difficult to quantify, grasp, and measure in a standardized format.

Keywords: critical thinking assessment; standardized testing tools; multiple choice questions; performance-based assessments

如何构造批判性阅读文本来提升学生的科研思考能力

董 毓 李 琼

【摘　要】 提出研究性问题和思考，对科技发展和创新至关重要。然而，众所周知，中国学生提出问题和思考的能力普遍缺乏。我们认为，批判性思维教育，尤其是训练对真实科学文本的批判性阅读，可以有效改进这样的不足。本文通过案例，展示如何选取合适的真实科学文本，按照批判性阅读路径进行分析和评估，从而激发合理问题和发展的思路。相应地，我们也倡导批判性思维课程以此为目标和重心进行教学。

【关键词】 批判性思维；批判性阅读；科学推理；因果论证；好问题；二元问题分析法

一、问题和背景

当今国际形势更加凸显培养杰出的科技人才对我国实现民族复兴大业的意义：它是高铁开动必不可少的电能。而现实也一直是，我们的教育，不能提供这样的人才。众所周知的"钱学森问题"，正是尖锐指向这样的困局：我们的大学一直没有按照科技发展的规律来培养人才。

原因当然是多方面的。相应的论述和讨论也十分长久和广泛。人们早已认识到，科学认识和发现起于问题，这是一个规律，而提不出问题，又正是我国学生的痼疾之一。中国学生整体不管是在实践还是在读书中，惯于被动接受，缺乏提出疑问和思考的意识和能力。西安交通大学教授龚怡宏教授痛感，我们考试拔尖的研究生，论文缺少创新性想法，"没有给他激发出什么东西来"。[1] 这是学生"无问题""无想法""无论证"的"三无"痼疾的具体表现。他们在自主发展及创造知识和技术上的无力，是这个痼疾的逻辑结果。

[作者简介] 董毓，男，华中科技大学创新教育和批判性思维研究中心，主要从事批判性思维、非形式逻辑和科学方法研究；李琼，女，华中科技大学外国语学院，主要从事学术英语写作的教学和研究。

二、批判性阅读对质疑和思维的提升

显然，要按照科技发展的规律来培养人才，就必须填补这"三无"空白。人们已经认识到，这些缺失，很大程度上来自批判性思维素质的缺失。[2] 批判性思维，是理智美德和认知能力的综合——特别是开放理性的精神和探究实证的技能的综合。在知识和技术的创造和发展中，批判性思维起着人的主观能动性中的动力和基础的作用。

我们指出，提问、质疑的意愿，是一种主动好奇探究的精神素质，应该从小培养。不过，即使在大学阶段，学习批判性思维的技能，也能帮助提出问题和质疑。[3] 特别是，学习阅读的批判性思维技能，即进行批判性阅读，是弥补这种缺失的一个有效的办法。

所谓批判性阅读，是指通过对文本的问题和论证的分析，随之做出系统的批判性评估，来考察文本的可信性，产生对它的理性质疑和发展的思路。它的做法，是完成"批判性思维路线图"展示的各个步骤。[4] 从确定主题问题开始，进行问题和论证分析，然后对论证进行六大步骤——问题、概念、证据、推理、假设和辩证——的探究和评估，最后对文本进行综合平衡的判断。这是一个从问题开始的探究—分析—评估—判断过程。[5]

在科学研究中，如果对科学报告和论文进行这样的批判性阅读，有助于得到深入的理解，以及合理的质疑、发展的思路。而且，批判性阅读不仅刺激提问和思考，也构成论证的基础。

所以，这样的批判性阅读，应是面向"三无"痼疾的批判性思维课程的一个重点。

不过，要"面向'三无'痼疾"，就要有两个改革。其一，注重科学论证的训练。目前大多数通识性的批判性思维独立课程，因为学生来自不同专业，不能采用某一专业和难懂的素材来教学，它不得不使用日常、社会和时事的例子。这样的课程主要训练对生活和社会现象具有明辨力的"理性公民"，很少进行科学的质疑和论证的训练。因此，学生要将所学的方法迁移到学科学习中，困难较多。

另外，采用真实文本教学，也是改革性的。长期以来，批判性思维教育界呼吁突破依赖碎片化的练习题的局限，因为学生面对综合的现实文本时依然无从下手。[6] 批判性思维、非形式逻辑课程，诞生于对形式逻辑脱离实际的不满。但即使是训练批判性思维的原理和方法，如果还是采用这样人造的、脱离语境的例子进行练习，那么脱离实际的情况依然没有完全改正过来。

所以，这样一个面向"三无"痼疾的批判性思维课程，代表着两个重要改革：注重科学的探究实证技能，并采用真实的科学研究文本。改革当然不易，但对个人和国家发展，它有久旱盼雨的意义。

三、科学文本的寻找和选择原则

相应地，如何选取和运用科学文本教学是一关键问题。

显然，专业局限的问题依然存在；不管选取什么科学文本，一般都只是一个专业的，而学生总是多专业的。所以，这里将是一个妥协：尽量选取与生活和生命相关的专业，比如生物、生理、神经等方面的学科，以便提起学生兴趣，克服专业障碍，花些时间读懂内容。

文章是否易懂，也和写法有关。科学期刊上的原创论文，包含各方面的内容，细节全面，但常常过长、深奥，阅读和理解都很费时。而普通报纸杂志上介绍科学发现的科普文章，会尽量通俗地表达科学发现和相应的依据，使之变得好读易懂。

不过，科普文章，并非总能满足我们教学的要求。一个主要的标准，就是它要典型地包含科学研究的重要证据和推理要素，这样我们可以教学生学习和分析。但这并不是每一个科普作者能意识到或做到的。所以，科普文章，常常需要对应于它的科学论文来核查是否符合标准。

我们发现，在科学论文和科普文章之间，有一类文章比较符合我们的全面又易懂的理想。这就是在科学期刊上，由科学家自己写的对科学研究的介绍文章或通讯文章。它们常常不长，省去了很深入细致的数据和研究细节，却包括了说明这个研究成立所必需和重要的证据、推理和讨论内容。这样的文章，因为包含了典型的科学论证的要素，是理想的科学素材，可考虑用来教学。

所谓典型的科学论证要素，如科学方法所显示的，指围绕假说的产生、检验、接受和发展的过程，这里特别是指假说-演绎推理，在有对立假说竞争的情况下，还会进行最佳解释推理。而且，由于科学假说很大一部分是因果解释，所以科学论证的形和质，由因果论证的合理标准所规范。

因此，一篇研究因果关系的科学文本，应该有因果论证的结构。首先是要解释或解决的现象或问题 B，然后是提出假说——某因素 A 导致了 B，这假说就是因果论证的结论。我们论述过，一个支持 A 导致 B 的因果论证，理想地，要满足这几个标准：有支持 A 导致 B 的证据；排除不是 B 导致 A、其他因素 C 导致 A 和 B；A 和 B 偶然相关的可能；对 A 导致 B 的机制的可信论述。[7]

那么，结合正反论证的要求，对因果假说的论证，典型地包括以下四个方面的前提：① 对假说的经验证据——常常来自对比随机试验或者对假说做出的预言的检验；② 对其他可能导致这个现象的因素的排除，其中有的来自对比试验的设置，有的来自额外的研究；③ 对假说中的因果机制的说明和论证，表明因果作用是怎么进行的，依据的原理和研究是什么；④ 对可能的局限、疑惑、反驳或竞争假说的讨论，以便把结论置于一个辩证、谨慎和发展的语境中。可见，这四大"骨架"，构成有辩证性的因果论证的典型结构和要求——若一个研究未能这样，显然就提供了质疑和进一步研究的机会（见图1）。

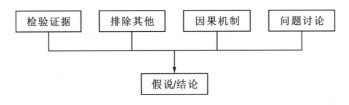

图 1　科学的因果论证的典型结构

所以，完整包括科学论证要素和易于教学，是我们选择科学素材的原则。

四、案例研究：如何选择科学文本

在我们的教学中，有一篇文章进入了视野。这是生物学中关于阻断人体中促卵泡激素来降低更年期妇女的脂肪和增加骨骼的研究。

我们的兴趣，是从读《纽约时报》的报道开始的："中年发福？这可能是激素惹的祸。[8]"它介绍说，最近对小鼠进行的研究表明，在更年期前开始升高的一种激素，促卵泡激素（FSH）可能是肥胖和骨质疏松的原因，而且，阻断这种激素可以增加热量燃烧，减少脂肪，减缓骨质疏松。这个发现意义非凡，因为这样看来，将来如果能生产一直阻断这个激素的药物，就有可能帮助中年人特别是更年期妇女实现减肥、减少骨质疏松和相关疾病的梦想。

这篇科普文章，介绍了实验的大致方面和基本原理。不过，和许多此类通俗文章一样，它夹杂着片段的历史、有趣的人事、惊人的意义等段落。科学的原理和推理并没有完整有序地展现其中。对有些信息未给出具体的出处，如果读者有疑问，很难进一步探究和核实。

所以，按照上面的标准，它不是很理想的教学素材。不过，它给出了两个原文的链接，其中一个是在权威的《细胞-代谢》上。由此，我们找到这篇不长的文章。"通过对促卵泡激素的阻断来消减脂肪和增加骨骼。"[9]它报道说，扎伊迪的研究团队在《自然》杂志上刊文报告，阻断促卵泡激素的作用，就会提升棕色脂肪的产热效应，从而减少身体的脂肪，这可能为治疗更年期的代谢疾病提供新的手段。

然后，我们找到《自然》杂志上扎伊迪研究团队的原始论文。[10]它报道，对小鼠注射一种针对促卵泡激素的 β 亚基的抗体，结果小鼠身体脂肪量减少。这篇论文由来自美国、中国、英国、荷兰四个国家十个不同研究单位的四十位研究者合作完成，是一项庞大、复杂的研究。他们进行了十多轮小鼠实验，运用了十多个测量方法，测量了上百个变量，综合绘制了十四幅图，完整、详细地展示了科学假说的产生、检验和接受过程，包含了我们的教学所需。但是，这篇文章由于篇幅长（正文和方法部分合计一万字左右）、专有名词多、实验多、变量多、变量之间关系复杂，对于无相关背景的读者来说，阅读难度很大，因而也不是通识性批判性思维课程的理想材料。

那么《细胞-代谢》的文章对我们的优点就明显了。它的作者本身就是细胞生物学专家，对棕色脂肪组织有较深入的研究，因此，《细胞-代谢》在"前沿预览"（Preview）栏目发表他们介绍扎伊迪研究团队的论文，让细胞生物学、分子生物学和医学临床的研究人员及时了解最新研究动态。他们按照研究论文的范式进行写作，虽然省去了具体的数据和很多研究的细节，但准确、严谨、完整、有序呈现了科学论证的要素。它仅近1000字，脉络清晰，内容逻辑连贯，文字简洁明了，还额外将因果机制说明绘制成图，直观、简明地呈现给读者。因此，虽是专业性科学论文，非本专业读者多读一两遍，无须深入专业细节，也能看出它的论证要素。

所以，它是一个较理想的阅读分析和评估的科学文本。

五、追寻和分析科学论证的脉络和骨骼

下面,我们来展示本文的科学论证过程。

文章首先概述了研究针对的现象/问题和发现:更年期的妇女往往有骨质流失和内脏脂肪堆积等变化,它们是导致糖尿病和心血管等疾病的主要风险因素。而目前的治疗效果有限,并有副作用。针对这一问题,扎伊迪研究团队的研究发现,可以通过一种多克隆抗体阻断促卵泡激素的作用,从而激活棕色脂肪细胞的产热效应,降低小鼠的体脂量。

文章的正文从简述这项研究的认知基础开始。人们已观察到一种共生现象:更年期时,妇女血液中促卵泡激素的浓度上升,身体发福;而且,当脂肪细胞中的促卵泡激素受体(FSH-R)的信号被激活时,会出现脂肪生物合成和脂肪堆积。据此,扎伊迪研究团队提出假说:阻断促卵泡激素的作用,可能降低体脂量,并做出预言:给小鼠注射一种阻断促卵泡激素的 β 亚基的多克隆抗体,将阻止脂肪增加。

接下来是设计实验、检验预言。文中介绍了扎伊迪研究团队五个较主要的实验。

实验一是随机对照实验,实验组小鼠注射针对促卵泡激素的 β 亚基的多克隆抗体,对照组注射山羊球蛋白(IgG,阴性对照),结果抗体组的小鼠的骨密度显著增加,体脂减少,进食和体育活动未受影响。这组实验排除了进食和体育活动对体脂减少的影响,确定了抗体的有效性。

实验二对被切除卵巢的小鼠注射多克隆抗体,以模拟人类的更年期,结果小鼠全身能量消耗也显著增加、体脂量减少。

实验三是进一步聚焦原因,验证促卵泡激素信号通路在该调控中的关键作用。实验研究了那些缺失促卵泡激素受体(FSH-R)基因的小鼠,发现它们也显示了与上述注射 β 亚基抗体一样的脂肪量下降情况。由此的推理是,既然注射促卵泡激素的抗体和缺失促卵泡激素的受体都能导致脂肪量的下降,那么其原因就是它们的共同点:受到阻断的促卵泡激素信号通路。

实验四是对 8 个月大的小鼠进行多克隆抗体治疗,它也导致脂肪量的下降。

实验五是将针对人类的促卵泡激素而开发的单克隆抗体(HF2)注射到小鼠身上,产生的结果和上面的多克隆抗体一致。

通过多种多轮实验,扎伊迪研究团队排除了其他可能的作用因素,确定脂肪量的减少确实是促卵泡激素受到阻断导致的。

但是,阻断促卵泡激素到底是如何减少脂肪量的?这需要因果机制说明。作者专门绘制了一个图来对比。图的左边显示促卵泡激素发挥作用的两个因果过程:在骨头的破骨细胞中导致骨质流失,在脂肪中使棕色细胞的产热下降导致脂肪量增加;图的右边则描述用抗体阻断促卵泡激素后,这两个过程的逆转和结果。作者用文字详细叙述了第二个过程中促卵泡激素的作用机制(并注明相关方法的研究文献):

在脂肪中,促卵泡激素和受体结合并与 Gi 蛋白耦合──→环腺苷酸(cAMP)下降──→非耦合蛋白 1(UCP1)下降──→棕色细胞的产热量下降(即减少脂肪的消耗)──→最后,脂肪量上升。

文中的图显示，阻断了促卵泡激素，这个过程就导致脂肪量下降。

最后，文章提到一个由此产生的新问题/反常。以往研究表明，棕色脂肪细胞的产热效应的增加和白脂肪细胞转化为棕色细胞，会出现葡萄糖和脂质内平衡改善。扎伊迪研究团队对小鼠的治疗虽然增加了棕色脂肪细胞的产热效应，却没有提高糖耐量或胰岛素耐量。所以这指向一个未来研究方向：棕色脂肪细胞和破骨细胞之间的信号传导，可能调控着葡萄糖和脂质平衡。

可见，整个研究，是针对疑难和共生现象在已有研究基础上提出假说，进行预言，设计对比实验来检验预言，得到证实证据，并进行实验排除其他因素，说明因果机制，对可能反常进行讨论。显然，该文的科学论证，典型地包含上文提到的因果论证的四大骨骼：① 检验证据；② 排除其他；③ 因果机制；④ 问题讨论（见图2）。

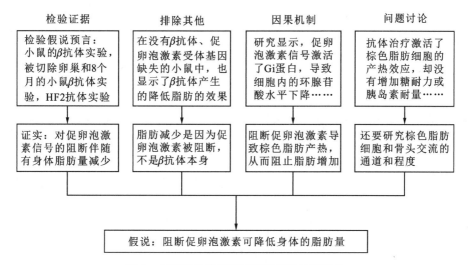

图 2　阻断促卵泡激素研究的因果论证结构

六、运用批判性思维提出发展的问题

至此，批判性阅读完成了理解文本内容的任务，下面就是评估和判断，这正是我们教学的最终目的——提出合理的问题和自己的思考，以有助于解决"无问题""无想法"的痼疾。

依据批判性思维路线图，合理质疑来自从问题、概念、证据、推理、假设和辩证的角度对文本的论证进行评估，即阅读者要问下面这类引导评估的问题：

1. 本文研究的问题构成、来源、重要性和作用如何？（问题确定和分析）
2. 本文的关键概念有哪些？定义是否清晰、一致？（澄清观念意义）
3. 这些证据可信吗？相关和充足吗？（审查理由质量）
4. 这些证据真能推断出这个结论吗？（评价推理关系）
5. 论证需要什么未说明的假设？这些假设可检验、可信吗？（挖掘隐含假设）
6. 有反例、例外吗？有其他因素或替代解释吗？（考察替代观念，进行辩证论证）

引导评估的问题 1，是审视研究的问题本身。按"二元问题分析法"[11]，可以进行两大方面的探究。

一方面是针对问题的研究对象——导致更年期肥胖和骨质疏松的促卵泡激素——提出构成、性质、关系、状态、条件、作用、发展等方面的问题。这是科学研究的问题，虽然历来对它们已经积累了很多研究和知识，但从头分解它们的最基本构成，重新审视其本质和作用等，有益于创新——这正是埃隆·马斯克提倡的"第一性原理"思维。[12] 进行这种基础性提问，要较少依据复杂的专业知识。比如，既然 β 亚基也是促卵泡激素的构成成分，并与促卵泡激素的受体相互作用，那么，β 亚基抗体实验是否也同时影响了促卵泡激素受体的作用？

另一方面的探究（包括下面的各种提问），是对这个研究的认知性质的批判性反思：问题表达是否清楚，是否有意义，它的基础、背景、假设、争论、意义等如何，等等。比如，研究问题来自这个前提性的假说——促卵泡激素是更年期肥胖和骨质疏松的原因——那么它自身有争议吗？

问题 2 是澄清概念的。本文的关键概念包括促卵泡激素浓度、促卵泡激素受体、棕色脂肪的产热效应、白色脂肪棕色化等。它们如果有模糊或运用不当的地方，会影响论证，所以应该审视它们，包括它们是否得到准确测量，以及是否有更好的测量等问题。

问题 3 是关于证据的真假和质量。本文介绍了五个主要实验，包括两个实验室独立进行抗体实验，对数据进行双盲分析（分析者不知道自己分析的是实验组还是对照组的数据）。其他实验试图排除饮食、体育活动、性别、年龄对体脂量的影响，还有以促卵泡激素与受体结合受阻的方式证明，是促卵泡激素的阻断促发了体脂量下降。《自然》杂志的原文详细描述了这些实验保证可靠性、客观性的细节。不过，询问这些实验设计、实施和测量的准确、完整和可靠，是正当的质疑。

问题 4 是关于推理。支持这个因果假说的正面证据，来自这样的假说-演绎推理和检验：

假说：如果阻断促卵泡激素会减少脂肪累积，预言给小鼠注射 β 抗体将降低小鼠的脂肪量

检验：构造了这样的小鼠 β 抗体治疗的对比实验，观察到其脂肪量降低了

证实：所以，假说成立：阻断促卵泡激素将会减少脂肪

这是从预言的成功，判断因果假说得到证实。我们知道证实是个无效的肯定后件的演绎推理，所以假说被证实、被认为是知识，并未排除将来发现是其他因素导致这个结果的可能。[13] 因此，对证实的质疑，典型地可以有两种：一种是审视实验结果是否由推理或者实验过程中的其他因素导致的（我们知道这个过程包含辅助假设、初始条件、实验知识甚至操作程序等因素）；另一种是考虑它是否不同于假说提出的原因产生的。因此，可以发问：假说到检验的过程有无其他影响因素，对检验结果有无替代解释或竞争观点等。

整个研究是一个标准的因果论证,除了上面的正面证据,它还力图排除其他因素,并详细说明因果机制,因而有助于回答上面的问题。不过,我们也可以对这些排除和说明提出问题,比如促卵泡激素受体缺失的实验的测量精确性如何?促卵泡激素受体缺失和β抗体实验足以确定促卵泡激素是主导原因吗?还有其他激素或因素需排除吗?这个因果机制表述完整、符合科学原理和证据吗?等等。

问题5是关于假设。研究和推理,包括假说-演绎推理、因果机制说明等等,都依赖假设,对它们需要挖掘和拷问。比如,这个因果推理有需要考察的假设吗?

问题6是关于辩证。文中提到的反常现象,关键问题自然是,如何探究它的原因?进一步的问题:还有其他反常现象吗?还可以提出别的检验或者反驳它的实验吗?由此还可以问更多发展性的问题:还有其他相关原因和影响值得研究吗?例如,还有什么影响体脂量的其他因素没有考虑到吗?还有其他激素也发生重要变化了吗?阻断促卵泡激素还会引起身体其他什么变化吗?等等。一个最新研究——阻断促卵泡激素可以改善患阿尔茨海默病小鼠的认知能力[14]——显示这类问题的价值。

上面提出的部分问题,可以简略地用图3表示。

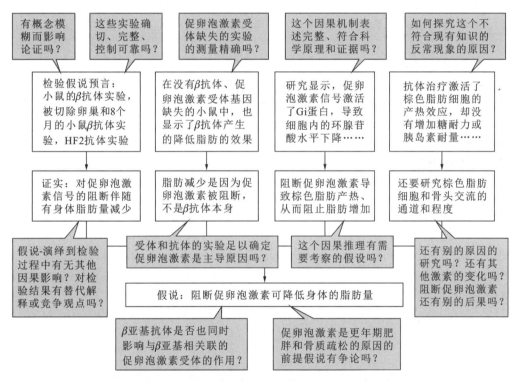

图3 阻断促卵泡激素研究的因果论证的评估

进行这些评估后,可以做出综合判断:这个研究怎样解决了问题?

注意,这里列举的并非所有可能的问题,也不是基于深入的专业知识提出的精细问题,我们的目的是举例说明产生问题和想法的思路:依据批判性思维路线图,对论证的各个要素提问,结合专业知识,可以激发合理的、可能有意义的问题和思考,指向新的研究方向,建构新的探究和论证。

七、小结

本文研究显示，对科学论文进行批判性阅读——对科学论证进行这样的探究、分析、评估和判断的思考，十分有助于理解，激发各种合理的、发展认知的问题，开发思路，并奠定自主科学论证的基础。可见，批判性思维是提出问题、激发思路、开启创新和践行实证的能力；它的探究实证路线，是科学研究也是其他领域的学术研究的实质。

这也有力说明，既然各种真实文本批判性阅读的教学，有助于消减"三无"痼疾，促进培养创新人才，那么，目前大学批判性思维独立课程应改革——纳入这样极其重要的教学。

参考文献

[1] [2] 龚怡宏，傅晓岚，董毓. 什么原因造成中国学生的"短板"？[EB/OL]. https://www.xuehua.us/a/5eb972cd86ec4d5748f487f7.

[3] 董毓. 批判性思维素质：因何缺乏，如何补足[N]. 中国科学报，2020-09-15.

[4] 董毓. 批判性思维原理和方法——走向新的认知和实践[M]. 2版. 北京：高等教育出版社，2017.

[5] [7] [11] [13] 董毓. 批判性思维十讲——从探究实证到开放创造[M]. 上海：上海教育出版社，2019.

[6] 马克·巴特斯比，宫振胜. 中国的批判性思维教育适合采用探究法[J]. 工业和信息化教育，2018（5）：1-10.

[8] Kolatag. 中年发福？这可能是激素惹的祸[EB/OL]. https://cn.nytimes.com/health/20170808/fsh-hormone-weight-gain/.

[9] Sponton C, Kajimura S. Burning fat and building bone by FSH blockade [J]. Cell Metabolism, 2017, 26 (2): 285-287.

[10] Liu P, et al. Blocking FSH induces thermogenic adipose tissue and reduces body fat [J]. Nature, 2017, 546: 107-112.

[12] Clear J. First principles: elon musk on the power of thinking for yourself [EB/OL]. https://jamesclear.com/first-principles#:~:text=Musk％20used％20first％20principles％20thinking，and％20building％20up％20from％20there.

[14] Xiong J, et al. FSH blockade improves cognition in mice with alzheimer's disease [J]. Nature, 2022, 603: 470-476.

How to Construct Critical Reading Texts to Enhance Students' Scientific Research Thinking Abilities

Dong Yu, Li Qiong

Abstract: Raising research questions and thinking is crucial for technological development and innovation. However, it is well known that Chinese students generally lack the ability to ask questions and think. We believe that critical thinking education, especially the training of critical reading of authentic scientific texts, can effectively improve such deficiencies. This article demonstrates through case studies how to select appropriate authentic scientific texts, analyze and evaluate them along critical reading paths, in order to stimulate rational questions and development ideas. Accordingly, we also advocate that critical thinking courses should be taught with this goal and focus.

Keywords: critical thinking; critical reading; scientific reasoning; causal argument; good question; dual level analysis of question

批判性思维在学术英语写作教学中的运用
——以评估报告写作构思为例

程漫春

【摘 要】 批判性思维是学术研究的一项核心关键能力,以探究与实证为基本内涵特征的批判性思维路线图为学术研究提供具体的步骤、方法和技术指导。本文以上海大学悉尼工商学院学术英语课程中的阶段性写作任务——评估报告为例,探讨如何运用批判性思维路线图指导学术英语写作构思,并解决学生写作中的常见问题,以期探讨如何将批判性思维有效融入学术写作教学中。

【关键词】 批判性思维;学术英语写作;构思;评估报告

为提高大学生的学术研究能力,很多高校为非英语专业学生开设了学术英语课程。其中,写作课程一直是学术英语教学中耗时较多但提高较慢的环节。教学中不难发现,学生的学术英语论文经常出现审题不准、概念不明、逻辑不清等问题。这些一直是学术英语教学中的难点,也是妨碍学生写作水平提升的重要因素。如果这些问题能够得到解决,学生的学术英语写作能力会有显著提升。批判性思维是学术研究的一项核心关键能力,它对于学术写作的积极指导作用是批判性思维学界和学术写作教学领域的共识。本文尝试利用批判性思维来讨论如何解决学术英语写作中的相关问题,在提高写作能力的同时提高批判性思维能力。

一、理论框架:批判性思维路线图

董毓在 2010 年首次提出批判性思维路线图(见图 1),并倡议将其作为批判性思维及教学的纲领和框架。[1] 该路线图展示了批判性思维过程中的八大步骤:[2]

理解主题问题:理解论证涉及的论题、关键问题、立场和论点
澄清观念意义:澄清语言意义、定义关键词
分析论证结构:辨别和分析论证及其结构
审查理由质量:分析和综合有可能得到的信息,评估它们的真假或可接受性

[作者简介] 程漫春,女,上海大学悉尼工商学院英语系,主要从事批判性思维和跨文化交流教学研究。

评价推理关系：清理和评价推理关系，审视它们的相关性和充足性
挖掘隐含假设：挖掘和探究隐含前提、假设、含义和后果
考虑多样替代：创造、考察不同的观点、论证和结论，进行竞争、比较、排除
综合组织判断：综合各方论证的优点，形成一个全面合适的结论

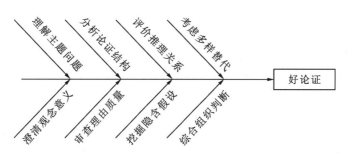

图 1　探究、实证的批判性思维路线图

这个路线图指明了批判性思维过程中所需要完成的系列任务，包括易被忽略的"挖掘隐含假设"环节。需要指出的是，这些任务在每一个思考环节都有可能发生，因此不一定完全依照路线图中的固定序列来完成。[3] 比如在挖掘隐含假设任务中，可能需要进一步澄清概念，在考虑多样替代时亦有可能需要在新的因果关系中来审查理由质量等。但是无论顺序如何，有了这样一个路线图，我们就有了一个较为清晰的思维探究路线，从分析问题开始，对问题、概念、论证结构等展开探究，并在事实和信息的实证基础之上来评估论证的质量、构造好的论证。在这一以探究、实证为内涵特征的思维过程中，批判性思维的情感倾向也得到了培养，如好奇心、注重逻辑规律的思维习性、力求全面且包容的心态等。[4]

本文以图 1 中"探究、实证的批判性思维路线图"（以下简称"路线图"）为学术英语写作教学的理论框架，以上海大学悉尼工商学院学术英语系列课程中的一个阶段性任务——评估报告的写作构思教学为研究案例，讨论如何将批判性思维融入学术英语写作教学，解决学生写作中的常见问题，提高学术英语写作能力，并培养批判性思维能力与习性。在这一过程中，我们还将看到路线图的探究与实证这两个内涵特征在教学中的指导作用和应用价值。

二、教学任务：撰写评估报告

（一）评估报告

评估一词对应的英文为 evaluate，《剑桥在线词典》对其给出的定义为 to judge or calculate the quality, importance, amount, or value of something，即判断或计算某物的质量、数量或价值。[5] Global Evaluation Initiative（GEI，致力于提高全球政府评估力的倡议行动组织）下属的全球评估信息平台 Better Evaluation 将 evaluation 定义为：any systematic process to judge merit, worth or significance by combining evidence and values，即在综合证据和价值观的基础上对（某样事物的）优点、价值或重要性所做出的系统判断。[6]

本文讨论的评估报告是高校学术英语系列课程的一个阶段性任务。因此，在以上定义的基础上，本文将"评估"一词定义为：针对特定对象收集相关信息，并对信息按照一定标准进行分析和判断，从而对评估对象的质量、价值或重要性等做出评定的过程。评估报告则是反映评估行为和结果的文字形式。在评估报告的撰写中，有两个要素对于评估报告尤为重要。第一，对评估对象的事实性材料进行全面研究和分析。第二，使用客观全面的评判标准。[7] 因此，如何拟定合理的评判标准及全面调研资料并运用这些资料达成相应的结论，是评估报告写作教学及构思的重点。

（二）路线图在撰写评估报告中的应用

写作及构思过程的第一步是审题，即理解主题问题，这也是路线图中的初始步骤。在评估报告写作中，要解决的主题问题是"评估对象质量好不好"、"是否重要"或"是否有价值"等类似问题，它同时还需要回答"为什么得出这个结论"的问题。即在相应的标准下构造对"此评估对象好（不好）、重要（不重要）、有价值（没有价值）"这一结论的论证，从而达成评估结论。

"评估对象"和"好不好"（或者"是否重要"和"是否有价值"，以下统称为"好"与"不好"）是主题问题中的两个关键词。因此，确定评估对象的所指范围、澄清基本概念并界定"好"与"不好"的含义、明确评价的标准是理解主题问题的核心要素。而要回答"为什么"这一问题，则需要收集评估对象的相关信息并按照一定的框架进行分析，论证它的事实性特征如何满足"好"或"不好"标准的内涵要求，是一个构造论证并达成评估结论的过程。①

在本文讨论的写作任务中，学生要针对三个电脑公司网站上能体现出该公司对环境关注的信息展开分析与评估并撰写一篇正式文体的评估报告。具体题目②如下：

> *The environment has become an important aspect for companies to consider. Some companies state that they are very concerned about making their products environmentally friendly. Write a report evaluating the information provided on the websites of three computer manufacturing companies regarding their concern for the environment.*

根据题目要求，这个写作任务的主题问题是"网站上与环境相关的信息质量如何"，并围绕这个问题回答"为什么"。我们以路线图的形式描述出本次评估报告写作任务中需要完成的具体步骤或任务（见图2）。

（三）评估报告的论证框架

按照课程教材中给出的报告范文，本评估报告的具体结构如表1所示。

---

① 鉴于此，本文中"评估"和"论证"两个术语在讨论评估报告的过程中可互换使用。
② 选自悉尼科技大学 2015 年教材 The Insearch AE 4a Course Book（内部使用，未正式出版）。

图 2　路线图在评估报告写作中的应用

表 1　教材中的评估报告范文结构

Evaluative Report
1　Introduction 开头
1.1　Background 背景
1.2　Purpose 目的
1.3　Criteria (In the form of a question) 标准（以问句的形式提出）
Criteria 1　标准一
Criteria 2　标准二
Criteria 3　标准三
2　Description 描述
2.1　Company one name and URL　包括公司名称和网址等
2.2　Company two name and URL　包括公司名称和网址等
2.3　Company three name and URL　包括公司名称和网址等
3　Evaluation 评估
3.1　(How well does each website meet criterion one) 　　三个网站分别如何满足标准一
3.2　(How well does each website meet criterion two) 　　三个网站分别如何满足标准二
3.3　(How well does each website meet criterion three) 　　三个网站分别如何满足标准三
4　Conclusion (A short summary of each criterion and final evaluation) 　结论（对每条标准进行总结并做出最后的判断性结论）

根据范文结构，引导学生进行课堂讨论，梳理出该范文的基本论证结构，如图3所示。

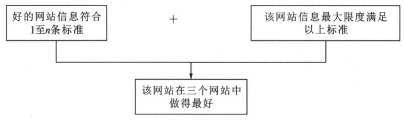

图 3　基本论证结构

对范文的结构及其基本论证结构的分析，让学生对评估报告的逻辑框架有了初步了解，旨在培养学生形成分析论证结构的批判性思维步骤习惯，及运用具体分析工具（图示法）的能力。

三、教学生如何构思：路线图在评估报告构思中的使用步骤

将批判性思维路线图用于撰写评估报告，为学术写作的教学模式提供了理论框架。对主题问题和论证结构的初步解析，则为具体写作指明了构思思路，也给教学过程提出了需要解决的教学问题，即：① 如何教学生拟定标准；② 如何教学生展开论证（运用论据达成评估结论）。接下来，本文将继续运用路线图框架讨论如何在引导学生构思的过程中回答以上两个问题，帮助学生厘清思路、构思一篇逻辑清晰、具备批判性思维的评估报告。

（一）第一步：分析问题、厘清主题概念——界定评估对象的概念和范围

通过分析问题，帮助学生清晰界定本次写作任务的目的和对象。题目中一共三句话，前两句"The environment has become an important aspect for companies to consider. Some companies state that they are very concerned about making their products environmentally friendly."主述背景。第三句"Write a report evaluating the information provided on the websites of three computer manufacturing companies regarding their concern for the environment."陈述任务，说明了写作的目的（评估）和对象（三个公司网站上的与环境相关的信息）。

根据以往的教学经验，很多学生会以为这个写作任务是要求评估该公司为环保做出的行为或措施好不好，实际上该写作任务是要求评估该公司网站上描述这些行为或措施的信息质量而非该公司环保行为的质量。为了帮助学生更好地理解这个任务，保证在写作过程中始终能够概念清晰地在正确轨道上前进，不把"行为"和"描述该行为的信息"混为一谈，教师设计了以下探究式的思考题。

将写作题目"评估网站上和环境相关的信息"改写成问题的形式：

- 试想自己在这份评估报告中需要回答什么核心问题？
- 核心问题又可以衍生出哪些次生问题？
- 如果是评估行为，又可能是什么样的问题？

经过学生思考和讨论之后,可能的答案有:

- 该网站上的环境信息好不好?
- 这些信息是否高质量/优质信息?
- 怎样的信息是优质信息?
- 怎么判断网站上信息的质量好坏/优劣?
- 可以使用哪些标准来评判网上信息质量的优劣?
- 怎样的人有资质评估网站信息的质量?
- 我们有资质吗?

如果把行为作为评估对象,可能的问题有:

- 该行为好不好?
- 怎样的环保行为是好的环保行为?
- 运用什么标准来评估环保行为的好坏/优劣/质量?
- 什么样的人有资质评估环保行为的质量?
- 我们有评估它的资质吗?
- 该写作任务要求评估行为还是信息?

通过这样层层递进的自我提问、学生互问和教师提问,学生基本完成对主题任务的探究和理解,认识到要评估的是信息而非行为,要评估网站上"说的",而不是公司"做的"。并且,我们目前不具备评估某个环保行为的资质(需要专业背景),但是基本具备评估环保信息的资质(不需要专业背景)。

这个教学环节帮助学生理解主题问题和评估对象的核心内涵,澄清核心概念和意义,深化对主题概念的理解,并明确拟定评估标准的必要性。接下来学生开始网站信息调研与对比的工作。

(二) 第二步:调研网站,熟悉信息——对评估对象的初步探究

这个阶段的教学中,教师布置学生搜索推荐的五个公司网站,调研任务为:

1. 找出该网站和环境相关的信息,记录下路径、并保存相关页面;
2. 大致说明五个公司网站上环境信息的优缺点,并做好笔记,看能否得出大致的结论,哪一个最好或者哪一个最差?为课堂讨论做准备。

任务1的目的在于:信息获取路径的难易程度可能是比较信息优缺点的一个重要标准,所以让学生先做好记录,以免后期遗漏。但是这个阶段不提示他们对此进行比较或者做出结论。能力较强的学生在调研网站的过程中可能可以提炼出这个标准,算是提前完成了下一阶段的目标。

任务 2 的目的在于让学生先根据个人经验或感性判断哪些网站信息更好，有了大概的结论之后，通过小组讨论或全班讨论的形式逐步提炼出可用的标准。

本次写作任务要求对比三个网站，但是在这个阶段给了学生五个推荐网站。真实的写作场景下应该是给予学生选择权，让他们自己决定选择哪三个网站进行对比。但是考虑到内容繁杂，从学生能力和课程时间两个方面对于学生可能挑战度太高，并且，还考虑到后期教师批改作文的可控性。因此，教学团队决定给学生五个指定网站，让他们自主决定选择其中三个，这样既照顾到了学生自主学习选择能力的培养，也将评估对象的复杂程度控制在可操作的范围内。

（三）第三步：提炼标准、构造论证——审查、反思与综合

对网站初步考察之后，学生对网站信息有了大致了解，部分学生也有了基本的判断。这一小节以对他们部分调研结果的讨论为例，说明如何运用批判性思维的基本步骤来展开探究与实证，指导"1.3 标准"及第三部分"评估"部分的构思与写作。

学生的部分调研结果如下。

- It's easy to find the information on Website A while it's difficult on Website B.
- Website A is clear while Website B is messy.
- Website A has more information than Website B.
- There is a video on Website A but the other websites don't have one.
- The information is up-to-date on Website A.
- Website A has diagrams and figures while Website B doesn't have these.
- A 网站的环境信息好找，B 网站的不好找。
- A 网站内容清晰，B 网站内容混乱。
- A 网站的信息比 B 网站信息多。
- A 网站有视频，其他网站没有视频。
- A 网站信息更新及时。
- A 网站上有图表数据，其他网站没有图表数据。

以上调研笔记中，有的内容是陈述事实，有的则是一个好与不好的观点判断或结论。这说明学生对于"评估信息质量的优劣"这一任务还处于直觉判断的阶段，尚未形成批判性思维中所要求的"论证需要具备原因和结论"的意识，更没有掌握以事实为依据来得出结论的实证技能。

经过对事实与观点的分辨，教师引导学生认识到构造论证这一过程中事实与观点、原因与结论的关系。结合范文分析，学生进一步认识到，评估报告要求依据各标准达成数个评估结论（即 3.1 至 3.3 部分中得出的结论/观点），最后形成整体的评估结论（第四部分 Conclusion 观点）。并且这些观点性结论都需要事实作为论据来支撑结论的达成，同时，事实需要与观点结合推演为结论（观点），以达成最后的评估结论。以上讨论不一定是在某一次课时中全部完成，需要逐步深入的讨论才能深入学生的认知。本节中以一次课堂讨论

为例来说明逐步深入的过程。

论据：A 网站有视频，其他网站没有视频。

这里，学生只给出了"该网站有视频"这一事实性信息，没有满足本次写作任务的"评估"要求。经过讨论与提问，学生认为 A 网站有视频，内容更加丰富和吸引人。而他们想要达成的结论"该网站信息更丰富因而质量更好"没有明确表达出来。从批判性思维角度，这个论证只有原因（事实）而没有结论，是不完整的。可用图 4 表示（虚线方框为学生没有表达出来的结论）。

图 4　论证结构分析一

有了以上论证结构分析，接下来依照路线图中的"挖掘隐含假设"、"审查理由质量"和"考虑多样替代"三个步骤来考察这个论证的质量。

要使这个论证结论成立，除了已知的原因"网站上有视频"之外，还有一个暗含的前提，即"有视频的网站信息丰富因而质量更高"。有了这个前提才能够推导出"该网站信息质量更高"这一结论。可用图 5 表示。

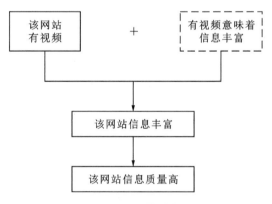

图 5　论证结构分析二

在图 5 中，"有视频的网站内容更丰富信息质量更高"是学生在论证中的隐含假设，即图中虚线方框里的内容。接下来则需要"审查理由质量"并"考虑多样替代"：这个原因（标准）合适吗？能够合理比较并评估三个网站、达成结论吗？还有其他可替代的原因（标准）吗？

接下来引导学生做以下探究式讨论：

- 如何定义"信息丰富"？
- 没有视频的网站信息质量一定不高吗？
- 除了视频还有其他可以让网站信息丰富的手段吗？

"澄清概念"始终是展开批判性思维和学术写作的第一步,在这个环节也不例外。因此,学生首先需要厘清"信息丰富"的具体内涵。经过讨论后发现他们想表达的"丰富"其实可指内容上的丰富,也可指形式上的丰富。而"有视频"则属于形式丰富的范畴。

第二个问题"是不是没有视频的网站信息质量一定不高"引导学生反思现有理由"有视频意味着信息质量高"。进一步调研后,他们发现有的网站没有视频,但是内容充实、板块丰富。这样学生认识到把"有没有视频"作为评价信息质量的首要标准是需要商榷的。这个过程引发了学生对标准顺序的思考:内容标准和形式标准排序需要有所讲究。相对而言,内容标准应该在形式标准之前。

第三个问题"除了视频还有可以让信息丰富的手段吗",引导学生考虑多样替代:除了这个标准(理由),还有别的可能吗?讨论后学生发现,信息形式的丰富指的是形式的多样性,而视频只是其中的一种。文字是最基本的信息表达形式,除了文字之外可有图片、视频、图表等不同方法。

据此可知,最初的调研笔记中可以分解出两个方面的标准:内容和形式。内容方面还可细分出"主题覆盖范围"和"信息页面数量"。如图6至图9所示。

内容标准一:主题覆盖范围

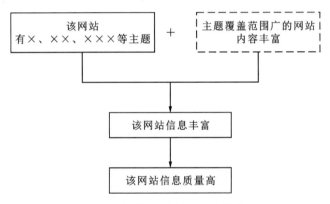

图6 对"内容"的第一次评估

内容标准二:信息页面数量

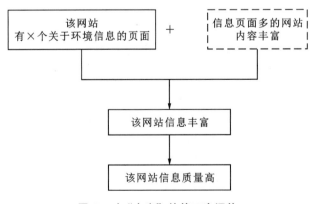

图7 对"内容"的第二次评估

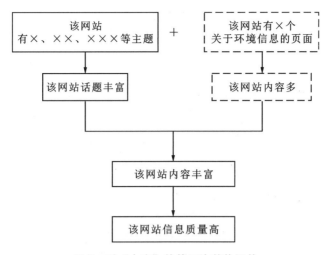

图8 对"内容"的第三次整体评估

形式标准：信息表达方式多样

图9 对"形式"的评估

在以上的审查与反思基础上，最后通过综合判断，归纳出以下可以选用的标准：

- 是否涵盖了不同的环境相关的话题？
- 是否有足够多的页面介绍环境信息？
- 除了文字以外还有没有其他方法帮助读者了解信息？
- 信息呈现方式是否多样化？

以上图6至图9中的论证与调研笔记阶段的论证（见图4和图5）已经相去甚远。不难发现，图4中的论证存在由于概念不清晰而引起的一系列问题。在路线图的指导框架下，学生在探究式的讨论和提问中，学会收集事实信息并在合乎逻辑的前提下运用事实达成结论，逐渐培养了"实证"的批判性思维技能习性，论证思路逐渐清晰，论证质量逐步提高。

通过本环节的讨论，教师引导学生认识到以下几点。

（1）要能够分辨事实与观点，并了解事实与观点之间的关系在论证中的作用。评估报告要求做出孰优孰劣的评估结论，也就是说，这个结论是由网站上的事实性信息依据一定标准推演出的观点，仅仅罗列事实无法完成本次写作任务的要求。而仅给出观点不陈述事实，会导致论证不完整，缺乏说服力，不符合批判性思维的"实证"内涵。

（2）标准中的措辞应该有清晰界定，可能的情况下还会延伸出细分标准。这些细分标准正是第三部分"评估"中需要遵循的论证思路。

（3）要学习发现隐含假设，便于更精确地构造评价标准。

(4) 标准的先后顺序可能会对评估造成影响。

(5) 养成反复质疑和探究的习惯，出现问题，要及时提问、讨论、反思或者进一步调研新的信息。

（四）第四步：循环深入，综合判断——为写作做好准备

在前文中我们选取了学生调研笔记中的一条论据（网站有视频）具体讨论了如何通过审查、反思与综合的批判性思维系列任务来提炼标准同时构造论证。可以看出，构造标准是评估论证的一个重要前提，构造标准的过程也需要利用相关的论证知识来判断标准是否合适。因而，如何合理构造标准也是一个构造论证的过程。这个过程也为评估报告的第三部分"评估"提供了一个较为清晰且连贯的论证思路。

接下来学生需要重复审查、反思与综合步骤，循环深入，最后做出综合判断，归纳出其他的适用标准，同时铺垫论证的思路，为正式写作做好准备。

在逐步深入的讨论中，前文提及的两个教学问题"如何教学生拟定标准"及"如何教学生展开论证"都相应得到了解决。学生从最初的直觉判断，到初步构造论证结构，再通过确定问题、澄清概念、分析论证结构、发现隐含假设、审查标准质量等一系列批判性思维步骤，逐步确认了认知中的模糊概念，厘清事实与观点的差别及论证中事实与观点之间的相互联系，培养了基本的论证意识和探究实证的思维技能与习性，逐步形成自我提问的习惯，不断反思、自评，从而提高论证质量，为正式着手写作做好充分的准备。

四、总结与建议

本文依照探究、实证的批判性思维路线图，尝试总结了如何将批判性思维运用到评估报告的写作构思中。构思是写作的前提步骤，在构思教学中融入批判性思维系列任务，为学生的后续写作奠定批判性思维基础，也是将批判性思维用于指导写作教学的起点。写作教学在路线图指导下，有针对性地解决了学生在构思中存在的审题不准、概念不明、逻辑不清等问题，帮助学生构建了较为清晰的写作框架和逻辑思路。作者希望以此讨论引发进一步的探讨，不仅实现学术英语写作教学中的批判性思维融入，也能将其拓展到广义上的学术写作教学（以任何一门语言为媒介的、任何研究领域的学术写作教学）中，在提高学术写作能力的同时培养学生的批判性思维倾向、提高批判性思维能力。在教学实践过程中，笔者深感融入式批判性思维教学的各方面挑战。根据笔者的个人经验，这些挑战主要体现在理论学习、实际操作和观念更新三个方面。

（一）教师需具备一定的批判性思维理论基础

笔者教授学术英语写作多年，从雅思写作到学术英语写作都积累了一定的经验。但是将批判性思维有意识地运用到写作教学中，还是在笔者正式学习了批判性思维理论之后才得以实现。笔者在参加批判性思维教学研修班的基础上开始实践开设多轮批判性思维的融入性课程。随着对批判性思维理论学习的不断深入，原本一些模糊不清的概念变得很确定，比如如何分析论证结构、如何挖掘隐含假设、如何审查理由质量等，从而使得教师可以从理论的高度设计教学过程，更有的放矢地指导学生发展批判性思维。教师在系统学习批判性思维理论之前的写作教学中或许已包含一些批判性思维教学元素，但是笔者认为，系统学习批判性思维前后的变化在于，批判性思维教学从无意识、自发行为开始转变为有意识、有理论高度的批判性思维能力与精神的培养。

（二）教师要熟悉实际教学中的批判性思维培养方法

教师需要学习常见的批判性思维教学方法，如探究式学习、项目式学习、讨论、辩论等。这些教学方法都经过大量的教学实践证明可以有效提高学生的包括批判性思维能力在内的综合能力。教师对这些方法的理论框架、具体步骤、适用场景及优缺点都要熟稔于心，并在大量的教学实践中发掘教学过程中的批判性思维元素，合理运用这些策略和方法，更加有效地实现批判性思维的融入性教学，并促进实现其他相关的课程教学目标。

（三）教师要能够挑战个人固有的教学观念并创造开放包容的课堂气氛

笔者在教学中尝试使用探究式的教学提问法，引导学生开展对问题的思考和元认知思考，尽量不直接给出答案，也不灌输答案。笔者课堂上也有大量小组讨论与交流，鼓励学生大胆表达不同观点，给予持不同观点的双方机会以讨论或辩论的形式共同探讨。这样做的目的之一正在于创造开放包容的课堂气氛。尽管有过诸多尝试，笔者仍然认为将批判性思维融入课堂对个人固有的教学方法和观念是巨大的挑战。批判性思维是一种技能，更是一种精神。求真、公正、反思、开放是批判性思维的主轴精神。这样的精神要求教师自身是批判性思维精神的践行者，要有追求真理的理想信念，能够通过各种途径如同行听课、学生谈心、学生课程反馈等反思个人的思维和教学方法，勇于担责并随时修正教学方法。对学生有开放包容的心态，尤其是面对学生给出不一样的答案时，更要求教师摒弃传统的"标准答案思维"，要能够包容学生的思想，多视角解读不同的答案与观点，给学生做出良好的批判性思维示范。

参考文献

[1] 董毓. 批判性思维原理和方法——走向新的认知和实践 [M]. 2版. 北京：高等教育出版社，2017.

[2][3] 董毓. 批判性思维十讲——从探究实证到开放创造 [M]. 上海：上海教育出版社，2019.

[4] 董毓. 探究实证的批判性思维路线图：理解、意义和运用 [J]. 批判性思维教育研究，2023.

[5] Cambridge Dictionary [EB/OL]. https：//dictionary.cambridge.org/us/dictionary/english/evaluate.

[6] Better evaluation, about better evaluation [EB/OL]. https：//www.betterevaluation.org/getting-started/what-evaluation.

[7] United Nations Development Programme. Evaluation Report：Deliverable Description [EB/OL]. http：//web.undp.org/evaluation/documents/erc/evaluation_report.doc.

Use of Critical Thinking in the Teaching of Academic English Writing: With Outlining an Evaluative Report as an Example

Chen Manchun

Abstract: Critical thinking is a core ability in academic research. Critical Thinking Roadmap, characterized by inquiry and evidence, provides specific steps, methods and technical guidance for academic research. This paper takes evaluative reports—a key assessment task in the Academic English course run at SHU-UTS Business School, Shanghai University—as an example and discusses how to use Critical Thinking Roadmap to guide the outlining stage in academic English writing and hence solve some common problems in students' writing. It is hoped that this paper will shed light on how to incorporate critical thinking into the teaching of academic writing in an effective way.

Keywords: critical thinking; academic English writing; outlining; evaluative reports

批判性思维与英语辩论教学融合
——以定义构造为例

聂 薇 方子涵

【摘　要】　辩论中下一个好的定义需要批判性思维。本文以大学英语辩论课为例，聚焦英国议会制辩论的定义构造环节，探讨将批判性思维与英语辩论教学相融合的路径。针对大学生在辩论中下定义常出现的五类问题，即不能识别辩题中的关键词、无定义、定义过宽/过窄、无语境、定义不公平，本研究采用"自上而下"和"自下而上"相结合的方法，梳理、借鉴现有批判性思维理论，并根据辩论学习者的实践案例，提出如下解决方案：建立"定义构造五步骤模型"，构建"定义质量评估四个标准"和"辩论定义特需的批判性思维分项技能表"。这些框架填补了国内现有英语辩论教材中定义训练方法和定义质量评估的理论空白，也为语言学习、辩论教学和批判性思维三者融合教学提供实践工具。

【关键词】　批判性思维；学科教学；定义；辩论；批判性思维分项技能

一、问题缘起

1998年黄源深教授提出"思辨缺席"现象。20年后，教育部在2018年发布的《普通高等学校本科专业类教学质量国家标准（外国语言文学类）》将批判性思维[①]能力培养正式写入文件之中。这将专业课中融入批判性思维能力培养提到一个新高度。语言课程应成为培养学生批判性思维能力的主阵地。[1] 教师认识到有必要将批判性思维能力融合到专业课程中是一回事，而在实践中真正去做和知道怎么融合是另一回事。[2] 如何将语言教学、批判性思维能力培养和学科能力发展三者相融合是近些年外语教育界的热点话题。国内学者对批判性思维技能的整体水平研究较多，具体到"特定情境下的外语学习中，思辨能力体现为哪些具体的分项技能，还存在较大的讨论空间"[3]。如何将批判性思维和具体的语言技能相融合仍处于探索之中。

[作者简介]　聂薇，女，北京外国语大学专用英语学院，主要从事批判性思维、演讲论辩修辞研究；方子涵，女，伦敦政治经济学院性别研究系硕士生，主要从事性别政治、话语分析、批判性思维研究。

[基金项目]　本研究得到北京外国语大学2022年本科教学改革与研究教改研究类项目资助（项目编号：XJJG202205）。感谢吴妍副教授和廖鸿婧副教授提出的修改建议，感谢李昕玥同学的协助。

① critical thinking在国内有不同的翻译表述方式，本文采用"批判性思维"的表述。

鉴于此，本文以大学英语辩论课为例探究如何通过英国议会制辩论（下称 BP 辩论）下定义环节的教学融入批判性思维分项技能，以更好地培养学生的批判性思维能力。BP 辩论赛制最早诞生于 19 世纪英国牛津大学和剑桥大学的大学生辩论协会，是模仿英国议会的辩论形式而成，是目前国际上较为流行的英语辩论赛制，主要就国际政治、人文社会科学等不同领域的社会现实热点话题进行正反方辩论。该赛制的特点是有序、高效、激烈、公正，注重清晰、有逻辑的阐述和基于问题的讨论，有助于语言表达和思维训练，有助于培养批判性思维和创新性思维人才。2010 年，该赛制被引入中国。

笔者基于十多年的英语辩论教学实践发现，许多初学辩论的学生在分析辩题的第一步即下定义时就遇到较大困难。国内针对 BP 辩论教学的研究也发现：辩手们常常不会识别辩题的关键词，未对关键词进行定义和范畴化，未对辩题进行正确的澄清和定位，进而很难深入讨论问题。[4][5] 学生在定义方面常出现的问题可概括为五类：① 不会识别辩题中的关键词；② 无定义；③ 定义过宽/过窄；④ 无语境；⑤ 定义不公平。这常常导致正反双方对辩题中某些关键词的理解产生分歧，导致其在辩论中各说各话，最后以一场"混战"结束辩论。辩论中下一个好的定义常常需要批判性思维。针对上述如何下定义问题，本文尝试提出如下解决方案：建立"定义构造五步骤模型"，构建"定义质量评估四个标准"和"辩论定义特需的批判性思维分项技能表"。这些框架将填补国内现有英语辩论教材中定义训练方法和定义质量评估的理论空白，也为语言学习、辩论教学和批判性思维三者融合教学提供实践工具。

二、研究设计与理论来源

（一）研究设计

本研究开展于北京某双一流高校非英语专业本科二年级英语辩论课的 BP 辩论实践，学习者的英语水平大体一致。研究数据来自两个平行班共 51 名辩论学习者期中和期末两轮 BP 辩论赛。每个学习者一学期正式辩论两次。辩题见表 1。每周 4 课时的教学活动包括课程讲解、辩题分析、辩论实践、评估反思等。每完成一场辩论，教师和学生当场点评、反馈。每场辩论赛均有录像，作为学习者反思、教师课后指导和研究的依据。在学期中和期末，每个学习者分别提交一份反思日志。笔者将两轮 20 场 BP 辩论赛课堂录像（$n=51\times 2=102$）转写，约 51000 字，作为分析语料。

表 1 英国议会制辩论赛辩题汇总

1. This House believes that "University" more important than "Major" when a student selects "zhiyuan" for Gaokao.
2. This House believes that *Honor of Kings*（《王者荣耀》游戏）should be blamed.
3. This House would abolish the curfew system on campus.
4. This House believes that the prenuptial agreement is a good idea.

续表

5. This House believes that the salary cap should be imposed on the popular movie star.
6. This House would abolish the death penalty.
7. This House believes that the euthanasia should be legalised.
8. The aged parents should be taken care of and supported by society or by their children.

笔者把所有正方一辩的定义提取出来进行详细的分析,通过标注、归类、匹配、调整、修订,最终形成"定义构造步骤及其对应的批判性思维分项技能表"和"评估定义质量标准及其对应的批判性思维分项技能表"。再以此框架为基础,逐个评判学习者批判性思维分项技能的运用情况,对出现的问题进行归类和总结,进而形成辩论定义构造中批判性思维分项技能发展的重点与难点。最后,再结合学习者辩论的整体内容(课堂录像)与辩论稿、课堂反馈与讨论、反思日志等信息,探讨问题与成因,启示教学。

目前国内的辩论教材常强调下定义的重要性,但在具体如何下定义方面缺乏具有可操作性的指导原则。因此,本研究拟采用"自上而下"和"自下而上"相结合的方法,借鉴批判性思维理论,根据大量辩论学习者的实践案例,构建"定义构造五步骤模型""评估定义质量的四项标准""定义构造及评估定义质量标准的批判性思维分项技能"的分析框架,以填补国内现有辩论教材中下定义的方法和评估定义质量的理论空白,为语言学习、批判性思维能力培养和辩论学科教学的三者协同发展进行具有可操作性的实践探索。下定义的教学环节可成为三者融合的重要切入点。

(二)批判性思维分项技能应用于辩论教学定义构造环节的理论来源

本研究借鉴德尔斐项目专家共识报告[6]的框架构建辩论特需的批判性思维分项技能,并将这些技能用于辩论教学的定义构造环节。该报告提到批判性思维认知能力的六项分项技能,即阐释、分析、评价、推理、解释、自我调整,见表2。

表2 批判性思维认知能力分项技能[7]

阐释 Interpretation	分析 Analysis	评价 Evaluation	推理 Inference	解释 Explanation	自我调整 Self-regulation
分类; 破解意涵; 澄清意义	检验观点; 识别论证; 识别理由和主张	考量论断的可信度; 考量论证中所用的归纳或演绎; 推理的质量	寻求证据; 考虑多种可能性; 得出逻辑有效的或可以辩护的结论	陈述结果; 为过程的合理性进行辩护; 陈述论证	自我监控 自我修正

上述六项分项技能中,阐释,是"领会和表述各种经验、境况、数据、事件、判断、公约、信念、规则、程序或标准的意义和重要性"。阐释所包含的子技能有:分类;破解意涵;澄清意义。[8] 分析,是"从陈述、问题、概念、描述以及其他旨在表明信念、判断、

经验、理由、信息或观点的各种表达形式之中,识别出所意向的或实际的推理关系"。"分析"的子技能包含:检验观点;识别论证;识别理由和主张。[9] 阐释是分析的基础。评价,是"评估可信度和逻辑性,包括评估各种用于说明或描述个人的见解、经验、处境、判断、主张的陈述或其他表达形式的可信度,以及各种主张、描述、疑问或其他类似表达形式之间的实际或所意向的推理关系是否合乎逻辑"[10]。评价所包含的子技能有:考量论断的可信度;考量论证中所用的归纳或演绎;推理的质量。

从辩论的定义构造角度,本研究主要采用"阐释、分析、评价"三种分项技能作为主要分析框架,因为这三种技能主要关涉对外来信息的处理,较符合下定义的思维过程;另三种"推理、解释、自我调整"分项技能则主要对自身信息的产出进行陈述、呈现、推导和检验,[11] 本质上与评价能力相近,故可归入评价能力。

三、定义构造的相关理论建构及其对应的批判性思维分项技能

BP辩论中的正方一辩负有阐明辩题中的关键词和对该词做出必要定义的职责。这要求辩手首先学会识别辩题中的关键词,对辩题中可能产生争议的或概念可能过于宽泛的关键词做出定义。[12] 接着,在充分理解关键概念的基础上,权衡其定义的阐释方法和语言表达方式,给关键概念下一个符合论辩场合且兼顾辩论双方立场、对双方能大体平衡的定义,使定义具体、明确与一致。

习得下定义的技能,需要长期训练,这促使学生充分调研,尽可能了解该议题的相关背景知识,了解辩论双方的观点和利益诉求,对正反双方大致保持公平,提升辩论场上明确定义、把握整场论辩方向的能力,这也是求真、开放、反思、公正的批判性思维习性的培养。为使教学具有可操作性,我们对定义构造及评价定义质量标准做如下理论建构。

(一)构建辩论特需的定义构造五步骤模型

董毓在《批判性思维原理和方法——走向新的认知和实践》中指出,由大卫·亨特(David Hunter)提出的定义构造的四个步骤包含"简要陈述(Slogan)""细节扩充(Expand)""举例说明(Example)""对比说明(Contrast)"。他认为这个方法可以用在澄清概念、陈述立场等方面,[13] 但笔者认为这四个步骤没有涉及语境。如果不限定定义的适用范围,这会导致辩论双方因对某一概念的外延理解不同而产生歧义。为适应辩论场合的需要,笔者在此基础上增设第五个步骤"限定具体语境(Context)",以此限定定义的范畴,由此构建出辩论定义构造五步骤模型,见图1。

第五个步骤具有时空观。在辩论中,在必要时,一个概念常需要限定具体的时空范围,才便于找到概念的外延,进而双方辩手在限定的时空中可做出准确的判断和论证。当然,限定具体时空不是每个辩题定义的必选项。但在政策性的辩论中,一个政策或解决方案的提出常需具备时效性和地域性,辩论才有意义。如政策性辩题"是否应该延长退休年龄",延退政策是否应马上实行还是延后几年实行,是在中国实行还是在某国实行,是在全中国范围推广还是在中国某些地区先行试点等,这些不同的时空范围都会影响辩论的走向和产生截然不同的辩论结果。

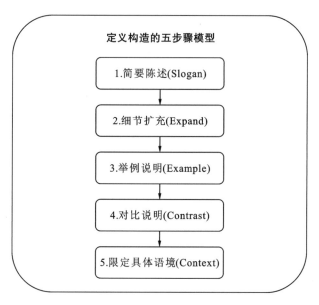

图 1　辩论的定义构造五步骤模型

（二）定义构造五步骤及其对应的批判性思维分项技能

定义构造五步骤模型的步骤/名称、含义及对应的批判性思维分项技能，详见表 3。各步骤的举例说明，见表 3 的范例部分。需强调的是，同类的批判性思维分项技能可以出现在不同的步骤中，同一个步骤也可运用多项批判性思维分项技能。

表 3　辩论的定义构造五步骤及其批判性思维分项技能

定义的步骤/名称	含义	批判性思维分项技能	范例
1. 简要陈述（Slogan）	首先用一句简短的陈述来表达定义，简短明了地表达意义	阐释	*Honor of Kings is a mutiplayer online arena published by Tengcent Games for mobile platforms.* （Motion：*Honor of Kings should be blamed.* 辩题：王者荣耀游戏是否应该被谴责）
2. 细节扩充（Expand）	扩展这个简短陈述，并说明一些必要的细节	阐释 分析	*Prenuptial agreement is basically a deal ... Content of agreement can include rights and obligations on many aspects that the couple agreed...* （Motion：*The prenuptial agreement is a good idea.* 辩题：婚前协议好不好）

续表

定义的步骤/名称	含义	批判性思维分项技能	范例
3. 举例说明（Example）	给出一两个例子，可以是真实的，也可以是虚构的	阐释分析	*Here I will give an example. Imagine you were a student in 2018 and you got 680 points in Gaokao. And you were a science student and you loved science subject and wanted to select a science major in a university.* （Motion："University" is more important than "major" when a student selects "zhiyuan" for Gaokao. 辩题：报高考志愿时，大学重要还是专业重要）
4. 对比说明（Contrast）	对一些容易混淆的情况做进一步说明	阐释分析	*What we are going to talk about today is a choice between selecting a better university with the major you are not so interested in and selecting a normal university with the major you like very much…* （Motion："University" is more important than "major" when a student select "zhiyuan" for Gaokao. 辩题：报高考志愿时，大学重要还是专业重要）
5. 限定具体语境（Context）	限定概念使用的语境，并解释这个语境的意义	阐释分析	*In China, we know that there is a ranking list of universities, and you can easily find them from the websites such as Baidu or Wikipedia. And just as we know that Tsinghua University and Peking University are the two top universities in China…* （Motion：University is more important than "major" when a student select "zhiyuan" for Gaokao. 辩题：报高考志愿时，大学重要还是专业重要）

（三）构建辩论特需的评估定义质量的四项标准

定义其实是对被定义对象的本质认识。不合适的定义可以把论证和行动引入歧途。对定义的评价，也需要批判性思维。[14] 我们在训练学生学会下定义后，该如何衡量定义的质量，这需要构建评估定义质量的标准。保罗和埃尔德从关键定义的识别、定义的准确性和公正性三个方面来衡量定义的质量。[15] 董毓提出，影响定义质量的因素包括"定义过宽、定义过窄或者两者兼有之，或者使用了模糊隐晦的词"[16]。结合上述学者提出的标准和基于大量辩论实践教学案例的分析，本文构建出评估辩论定义质量的四个标准模型（见

图 2)。四个标准包括：① 是否识别关键词；② 定义用词的准确度；③ 定义范围的适宜度；④ 定义的公平性。

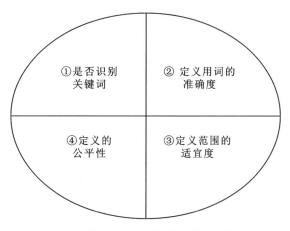

图 2　评估辩论定义质量的四个标准模型

（四）定义的质量评估标准及其对应的批判性思维分项技能

基于上述相关批判性思维理论和对辩论学习者的实践案例分析，笔者构建定义质量评估及批判性思维分项技能表（见表4），供一线教师参考。

表 4　定义质量评估标准及批判性思维分项技能

评估定义质量的标准	批判性思维分项技能	批判性思维子技能
① 是否识别关键词	分析	检验观点；识别主张/理由/论证
	评价	考量论断的可信度
② 定义用词的准确度	阐述	分类；破解含义；澄清意义
③ 定义范围的适宜度	分析	检验观点；识别主张/理由/论证
④ 定义的公平性	分析	检验观点；识别主张/理由/论证
	评价	考量论断的可信度；考量论证中所用的归纳或演绎；推理的质量

四、"融合原则"下的辩论教学案例解析

下面我们以辩论教学案例说明如何运用定义构造步骤模型和定义质量评估标准做出准确和适宜的定义，逐一举例说明定义构造是如何与批判性思维分项技能相融合的。

（一）是否识别关键词

面对一场辩论，学生首先需要有下定义的意识。一个辩题常含有多个概念，学生需学会识别并判断哪些是关键概念，继而对其进行定义。如辩题"The House would abolish the curfew system on campus（正方将废除校园里的宵禁制度）"，正方一辩 S 同学识别出 "curfew system" 是关键概念，需要下定义，她就定义做了简要陈述（Slogan），后续的论述围绕其弊端展开。这位辩手的判断是正确的，因为 curfew system（宵禁制度）是整场辩论的焦点，是必须对此下定义的，但她忽略了 "would abolish"，也是关键词。这是一道政策性辩题，学生应当对 "abolish" 一词下定义，并指明应如何废除，需给出具体方案，如废除的是 curfew system 的哪些部分，是针对 curfew 的夜间锁门，还是针对宿舍内的熄灯纪律，以此辩论双方才有明确方向。一场没有共认点的辩论是无法进行的。[17] 辩手需具备分析整场辩论方向并判断运用何种辩论策略的能力，这是辩手应具备的基本素养。因此，训练学生识别关键词涉及培养批判性思维的分析和评价的分项技能。

（二）定义用词的准确度

如果某辩手辩论中使用晦涩模糊的用词或选择了不恰当的词汇，则往往会造成其他辩手、评委和观众理解上的偏差。如在上述 "curfew system" 的辩论中，辩手 X 同学将 "大学生" 定义为 "Those who have reached a certain point of intelligence（达到某种智力程度的人）" 这里的 "a certain point" 用语的表达就过于模糊，究竟是何种程度的智力呢，让人费解。如果将其定义为 "大学生已经到了能够为自己行为负责的年龄"，就阐释得更加清晰和准确。因此，我们在必要时可对关键概念的定义进行细节扩充（Expand），以保证辩论双方对用词理解的一致性。

为使评委和观众更准确地理解定义，必要时还可采用举例说明（Example）和对比说明（Contrast）的方式加以阐释或规定意义。如辩题 "This House believes that 'University' is more important than 'Major' when a student selects 'zhiyuan' for Gaokao（正方认为报高考志愿时大学比专业更重要）"，辩手 Z 同学以举例说明和对比说明的方式介绍 "大学重要" 和 "专业重要" 的定义："某同学刚参加了高考，获 680 分，他特别热爱并想要报考某个理科专业，他是报一个名气很大的综合性大学但没有他喜欢的专业呢，还是报一个名气不是那么大但有他喜欢的专业呢。这就涉及大学重要还是专业重要的问题"。这种举例说明（Example）和对比说明（Contrast）的阐释使辩论双方能明确讨论的范围，限定具体语境（Context）。

定义的行为一般有三个维度，即报告（Reporting）、规定（Stipulating）和倡导（Advocating）。其中，规定一个意义是指出如何在特定的语境中解读或使用一个词语。[18] 上述报志愿辩题的例子运用了定义的 "规定" 行为，即针对高考报志愿的语境，规定 "大学重要" 和 "专业重要" 的定义，使阐释更加清晰准确。训练学生掌握定义用词的准确度涉及培养批判性思维的阐释分项技能。

（三）定义范围的适宜度

定义范围的适宜度，是指对定义运用的范围既不过宽也不过窄。由于辩论的特殊性，辩手常需兼顾辩论双方立场，设定对双方大体公平的定义，这就需要设置定义的适用范围、限定某关键概念使用的具体语境（Context）。如在 "curfew system" 的辩论中，辩手 F 同学定义"abolish"实施的空间范围为包括但不限于中国大学的 curfew system。这个空间设置就过于宽泛，考虑到各国的法律、文化不同，显然一场辩论无法完成对所有国家情况的论证。如果辩手将空间范围定义为"China"，班级学生又都是中国学生，则该辩题较适合中国学生辩论，因为双方都熟悉中国大学情况。这需要结合学情和辩题的具体情况做判断分析以更好地限定定义的语境。建议学生立足于语境思考议题，使辩论更具有可辩性。训练学生掌握定义范围的适宜度涉及培养批判性思维的分析分项技能。

（四）定义的公平性

定义的公平性，是指定义对辩论双方是否公平、是否符合论证的需求，后续陈述的论点是否从该定义出发。如辩题"This House believes that *Honor of Kings* should be blamed（正方认为《王者荣耀》应当被谴责）"，辩手 L 同学定义"blame（谴责）"一词仅限于游戏本身，而与制作团队、制作公司无关。我们认为这个定义就过于狭窄。"blame"本身具备道德含义，如果仅针对一个客观存在的事物进行谴责，将会使辩论面临无主体负责的境地，也会造成对辩论某一方的不公平。因此，该词的规定定义应包括游戏软件本身及其制作团队和公司。我们需要训练正反方辩手对整场辩论方向做分析与综合预判，尽量使整场辩论朝着公平和合理方向发展，以形成一场好的辩论。训练学生掌握定义的公平性涉及培养批判性思维的分析和评价的分项技能。

五、结语与讨论

在英语辩论融合批判性思维的教学实践和研究中，具体的教学手段、工具和操作流程是一线教师迫切的现实需求。本文的研究正回应了这样的需求，着重探究辩论课具体教学设计的落地原则。在常见的语言模板[19]、小组学习[20]、反思日志[21] 等常用手法之外，笔者提供了下定义的方法、步骤及评估工具，也为批判性思维分项技能融入英语辩论教学提供了案例借鉴。

基于上文，笔者整合出定义与批判性思维技能模型（见图 3），供一线教师在辩论教学中使用。我们建议采用以下步骤：① 教师指导学生先从定义构造的五个步骤开始练习如何下定义；② 教师根据评估定义质量的标准模型教导学生对定义质量进行评估。在练习和评估定义的过程中，教师指导学生显性化地运用阐释、分析与评价分项技能。

本文运用社会文化理论对语言使用的语境加以重视，将语境因素融入下定义的模型之中。贾雅·努尔·伊曼（Jaya Nur Iman）发现，在修完英语辩论课程之后，学生提升最快的能力是识别辩题的语境。这也从侧面验证了我们提出的定义构造模型的第五个步骤"限定具体语境"的有效性。[22]

目前批判性思维与学科教学的融合研究尚处于摸索阶段。未来研究的途径有：① 进一步扩大样本量做教学实验，可设计严格的教学实验，用对照组的方式，对比前测与后测的变化来验证融合式教学法的有效性；② 做学习者个案追踪的历时研究；③ 探究融合式教学法对批判性思维习性的影响；④ 在不同学科中做辩论教学实验，以发现更多各学科特需

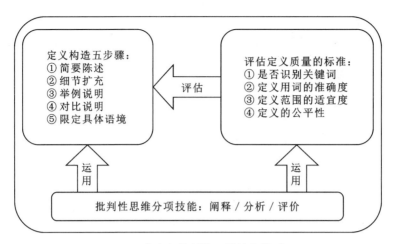

图 3　定义与批判性思维技能模型

的批判性思维培养途径。希望更多的教育工作者和研究者加入研究，共同推动中国批判性思维教育发展。

参考文献

[1] Dong Y. Critical thinking education with Chinese characteristics [M] // Davies M, Barnett R. The Palgrave handbook of critical thinking in higher education. New York：Palgrave Macmillan，2015.

[2] 张虹. 英语思辨教学：英语专业教师认知视角 [J]. 外语研究，2019，36（4）：57-62，112.

[3][11] 孙旻，俞露，王晶. 英语演讲实践中的思辨分项技能——以说服性演讲为例 [J]. 中国外语，2015（5）：49.

[4] 谭春萍，黄晓丹，何高大. 思维瓶颈与思辨能力探析——以英国议会制辩论赛为例 [J]. 当代教育理论与实践，2013，5（11）：208-210.

[5] 张福慧，成晓光，夏文静. 运用 Paul-Elder Model 思辨工具对大学生英语辩论文本的思辨能力分析 [J]. 中国外语教育，2015，8（1）：59-67，106.

[6] American Philosophical Association. The delphi report executive summary research findings and recommendations prepared for the committee on precollege philosophy [C]. 1990. ERIC Doc No. ED3154231990.

[7][8][9][10] 彼得·范西昂，都建颖，李琼. 批判性思维：它是什么，为何重要 [J]. 工业和信息化教育，2015（7）：10-27，41.

[12][17] 何静. 以世辩赛和新加坡赛制的差异为例谈"规则"对思辨能力培养的重要性 [J]. 中国外语教育，2016，9（3）：20-28，94.

[13][14][16] 董毓. 批判性思维原理和方法——走向新的认知和实践 [M]. 2 版. 北京：高等教育出版社，2017.

[15] Paul R，Elder L. Critical thinking：learn the tools the best thinkers use [M]. New Jersey：Prentice Hall，2006.

[18] 戴维·希契柯克，李万中，胡蓉菁. 定义：构建和评价词语定义的实用指南（连载1）[J]. 批判性思维与创新教育通讯，2022（1）：4.

[19] 林岩. 语言模板在英语辩论课思辨能力培养中的应用效果研究 [J]. 外语教学，2019，40（1）：66-71.

[20] Schamber J F, Mahoney S L. Assessing and improving the quality of group critical thinking exhibited in the final projects of collaborative learning groups [J]. The journal of general education, 2006, 55 (2): 103-137.

[21] 林岩. 口语教学与思辨能力培养——一项对英语辩论课程中学生反思日志的研究 [J]. 外语与外语教学, 2012 (5): 29-33.

[22] Iman J N. Debate instruction in EFL classroom: impacts on the critical thinking and speaking skill [J]. International Journal of Instruction, 2017, 10 (4): 87-108.

Integration of Critical Thinking and English Debate Teaching—Definition Construction as an Example

Nie Wei, Fang Zihan

Abstract: Giving a good definition in debate requires critical thinking skills. Taking English debate course in the university as an example, focusing on the definition construction of British Parliamentary debate, this paper explores how to integrate critical thinking with debate teaching. College students often encounter five kinds of problems when constructing definition in debate, which are inability to identify key words of the debate topic, no definition, overly broad or narrow definitions, lack of context, and unfair definitions. For solving these problems, this research adopts the combination of "top-down" and "bottom-up" approaches, and draws on existing critical thinking theories, and practical cases of debate learners. This paper proposes the following solutions: establishing "a five-step model of definition construction", "four criteria of assessing definition quality", and "a table of critical thinking sub-skills for debate definition". These frameworks fill in the theoretical gaps regarding definition training methods and definition quality evaluation in existing English debate teaching materials in China, and also provide practical tools for the integration of language learning, debate teaching, and critical thinking.

Keywords: critical thinking; subject teaching; definition; debate; sub-skills of critical thinking

互动式教学策略在大学生批判性阅读中的运用和作用

郭雯 张妍

【摘　要】 激发学生自主思考与主动探索是批判性思维教学的重要目标，互动式教学被普遍认为是达到这样目标的良好策略。不过，如何结合具体的知识和技能的教学来实施互动式教学策略，对一线教师经常是一个难题。本文通过教学案例，展现如何在批判性阅读的教学进程中，通过问题引导式的课程设计，结合高质量的课堂互动和循序渐进的反馈，促使学生有效学习这样的批判性分析和评估技能。

【关键词】 批判性思维；批判性阅读；互动式教学；问题引导式学习

一、问题提出

批判性思维教学对大学生批判性思维提升的重要性、可行性和有效性已经得到学术研究结果的普遍支持。批判性思维教学的一大目标和原则，是刺激学生主动、自主思考和探索的欲望，而互动式教学被广泛认为是实现这一目标的重要手段。典型的互动教学以有结构、循序渐进的问题来引导教师和学生的对话，以此推进学习和认知。论语中"夫子循循然善诱人，博我以文，约我以礼，欲罢不能"，也是指这样有步骤地引导他人进行学习、

华中科技大学的"大学生批判性思维"课程从2023年春季进行了改革。为了消除传统的大班教学模式中以"传道授业"为目标的大水漫灌的问题，采取了以小班教学为主的模式。这个改革的一个重要方面就是强调互动教学。如何实施这样的互动教学呢？课程设计了整合教师讲授、小组讨论、师生互动的教学方式，并通过综合性实例分析、阅读理解、项目研究、问题解决等任务模块，来有效推进培养批判性思维的技能和美德的教学目标。初步的教学实践显示，这样的多方式、多任务的整合推进，是可行的，并产生明显效果。

二、教学设计

小班教学改革后，课程的目标被定为：促使大学生理解批判性思维的精神是自我反思

[作者简介] 郭雯，女，华中科技大学教育科学研究院博士生，主要从事批判性思维、心理健康教育等研究；张妍，女，华中科技大学教育科学研究院，主要从事批判性思维、心理健康教育等研究。

和开放理性，学习以探究实证为主体的思维方法和智力技能，并运用在批判性阅读、分析性和论证性写作以及研究性学习的实践中，培养大学生的认知、明辨和解决问题的能力。

课程的构成和进程的设计基于翻转课堂等模式，由课前自学和小班教学研讨两大部分构成。课前自学部分，学生在教师指导下，观看超星"批判性思维"课程课件视频，阅读教材，参与小组讨论和完成练习。小班教学研讨部分，每班由20～40个学生组成，5人左右一组，作业、讨论、表达、考核等大多数以小组方式在课内外完成，侧重小组合作学习，小班教师将指导学生构造和进行参与积极、认真努力的小组和活动，其中教师担任"苏格拉底、教练和认知活动主持人三位一体"的角色。这就使批判性思维教学的课堂将传统的"教会学生知识"这一理念，转变为"教会学生自主探究性地学习"，将教师角色从知识的"讲授者"转变为学习的"引导者"。教师更多的是充当学生"合作性学习的组织者和监督者"，尽量激活学生的学习主动性，使之成为课堂教学中的主体。师生之间以问答为载体、生生之间以讨论为载体的课堂语言交流成为课堂教学活动的基本形态。

课程的教学内容和方法的直接依据，是董毓根据当代批判性思维理论，尤其是恩尼斯（Robert Ennis）和希契科克（David Hitchcock）的思维图而提出的"批判性思维路线图"。这个路线图概括了批判性思维的探究实证的主要工作：理解主题问题、分析论证结构、澄清语言意义、审查理由质量、评价推理关系、挖掘隐含假设、考察替代论证。[1]

课程学习的一个重要目标和手段，是批判性阅读和写作。在这个批判性思维路线图指导下，学生学习所需要的分析和评估步骤和技能，掌握从问题、概念、证据、推理、假设和辩证六大方面分析和评估的批判性阅读方法。

教学过程中，教师根据六大方面，针对论证的各方面进行提问：

- 本文研究的问题构成、来源、重要性和作用如何？（问题确定和分析）
- 本文的关键概念有哪些？定义是否清晰、一致？（澄清观念意义）
- 这些证据可信吗？相关和充足吗？（审查理由质量）
- 这些证据真能推断出这个结论吗？（评价推理关系）
- 论证需要什么未说明的假设？这些假设可检验、可信吗？（挖掘隐含假设）
- 有反例、例外吗？有其他因素或替代解释吗？（考察替代观念，进行辩证论证）

在课堂讨论中，教师根据学生分析的实际情况，适时提出以上问题，为学生提供支架，启发学生进行思考，提供促进学生有效学习的认知协助，从而实现在互动式教学中帮助学生发展自主学习策略的目的。

为了有针对性、有效地启发和引导教学，课程采用了同一题材的多次阅读和写作的前后对比的安排。题材是一篇名为《要有黑暗》的报刊文章，[2]课程要求学生在课前预习时写一篇对它的阅读分析文章。然后，在自学了课程的第三讲"批判性阅读和论证分析"后，再次对它进行分析讨论。随后在课堂上，学生汇报分析的结果，并在教师的互动教学策略的引导下，利用已经学到的批判性思维原理和方法，进一步讨论该文，第三次写对它的阅读分析文章。课程希望，这样循序渐进的引导，可以更有效地推进和显示学生的进步。

自然，学生的第一次《要有黑暗》阅读写作的作业，是没有学习批判性思维时的"原生态"状态。以一位学生的作业为例：

> 该文讲述了作者对黑暗的价值的认识及以此呼吁人们做出行动来减少光污染。作者通过光污染对人的健康的负面影响、对生态环境的破坏，以及黑暗对人精神的正面激励，多角度论证了光污染的危害和黑暗的价值。再辅以黑暗快速消失的事实，论证了整治光污染的紧迫性。最后通过列举几个解决光污染的例子，说明了解决光污染的可行性以及行动的具体措施。总体来说这是一篇呼吁认识光污染危害并加以整治的文章。值得肯定的是文章并没有一味抨击光的危害，并没有仅仅因为光的负面影响而去否定光带给人们的好处。在治理层面，也更多倾向于通过合理的设计和使用先进的光技术来减少光污染。

虽然学生作业注意到了文章的主要论点和论证手段，肯定文章没有否定黑暗带给人们的好处，但总体而言，认识还是停留在简单、粗略、表面和直觉的层面，缺乏细致、清晰、系统和有深度的分析与评估。在开课之前的学生阅读能力显示，它成为课程教学的起点和对照物。

三、互动策略的教学实施

按照课程设计，在学习了第五讲后，学生再次以小组讨论的方式对《要有黑暗》进行批判性阅读分析，并在随后的课堂上报告小组讨论的结果。

第三讲包含了批判性阅读的完整案例（时代杂志对北京奥运会的空气质量影响的报道），展示的理解和评估的全过程，初步显示了从问题、概念、证据、推理、假设和辩证六大方面来评估论证质量的系统做法，为学生提供一个引导来使用探究实证方式再次进行阅读。

学生的小组讨论报告显示，学习了第三讲内容后，学生的阅读能力有了可见的进步。不同于原来的零乱、感觉性的阅读和评述，对这篇文本做出了新理解，而且比以前细致、全面、有条理，特别是以文本中的内容作为依据的评估。

比如，上面例子中的学生，经过三周的学习之后，对《要有黑暗》文本做出新的评价：

> 从概念的清晰和一致的角度分析：这篇文章中使用了一些专业或抽象的概念，它们得到简要而清晰的说明，有助于读者理解作者所要表达的意思，也有助于作者进行论证。从证据推理的相关与合理角度分析：这篇文章中使用的论据都与论点有紧密的联系，没有出现无关或偏离的情况。这些相关的论据有助于展示作者对话题的全面和深入理解，也有助于让读者接受作者的观点。作者对这些论据都进行了有效的推理或证明，没有出现漏洞或错误的情况。这些合理的推理或证明有助于增强文章的逻辑性和说服力，也有助于避免模糊或武断。从证据的具体和可信的角度分析：这篇文章中使用了多种类型的论据，包括个人经历、科学事实、权威观点、文化作品等。作者对

这些论据都有具体的细节或数据，作者对这些论据都有可靠的来源或引用，没有出现虚构或歪曲的情况。从辩证的全面与平衡的角度分析：这篇文章中考虑到了话题的不同方面和层面，没有出现片面或狭隘的情况。这些不同的方面和层面有助于展示作者对话题的全面和深入理解，也有助于让读者认识到话题的复杂性和多样性。同时，作者给予了不同观点和立场的评价和处理，没有出现偏激或武断的情况。

可见，学生已经开始运用路线图的六大方面评估的方法，来努力实现仔细、系统的阅读理解，开始摆脱一开始的粗浅、直觉和零散的阅读。不过，它也显示，学生尚处于使用方法的初期阶段，还未能熟练运用从而能看出文章中的各种问题。

在课堂汇报后，教师结合学生作业内容，对此进行详细讲解，以便提供分析的典范，供学生参考与模仿。而且，教师通过适时提问"这个事实准确吗？""这个理由有没有真实的例子？""这个情况有例外吗？""这个理由真能推断出这个结论吗？""这里隐含着什么前提或者意义？""有反例或者不同观点吗？"等开放性问题对学生进行启发性的引导，以便促进学生真正从"理解性地读"走向"批判性地读"。

比如，在前两组汇报时，教师通过提问"有反例或者不同观点吗？"引导学生总结指出原文没有考虑反例的部分，同时教师指出两组在推理类型的分析方面观点不同，一组认为只有演绎推理，另一组认为兼有统计归纳推理、简单枚举法等多种推理方法。此时，教师并没有评价谁对谁错，只是使用澄清的方法，能让学生更清晰地看到同学之间观点的差异，促进学生进一步自主评价、思考不同观点的充分性与合理性，达成以批判性阅读推动批判性思考的效果。

在第三组汇报时，教师通过提问"这个事实准确吗？""这个理由有没有真实的例子？""这个情况有例外吗？""这个理由真能推断出这个结论吗？"等问题，引导学生从更加具体细分的层面提出了与前两组不同的观点，从推理的相关性、充分性和审慎性出发，指出作者在概念、证据、推理中的疏漏，并在检查前提的可靠性时，查阅相关文献，根据具体的数据指出部分前提的不可靠，导致得出的论断过于绝对，这集中体现了"批判性地读"。在第四组汇报时，教师通过提问"这里隐含着什么前提或者意义？"等问题启发学生思考，该组同学认为作者是带有偏向性的，并分析出作者观点中的隐含前提。教师肯定了第四组的独到发现，并进一步指出这个隐含假设也是很难辨别的。其他学生在第四组进行汇报时，已经感受到第四组同学对于隐含前提的独特思考，教师的总结使学生感性的感受转化成理性的认识。

在小组汇报过程中，首先发言的小组由于刚开始使用批判性阅读的六大论证问题分析案例，还缺乏独立反思的能力，很难发现自己在分析过程中的不足，同伴提供不同的分析和视角后，教师及时提供总结反馈，会促进学生发现分析论证中更多的问题，并进行更加全面深入的分析，基于反馈对自己在论证分析中存在的疏漏做出了进一步的反思。这样，通过反复使用总结反馈的方法，使学生经历了反馈—反思—再反馈—再反思的过程，最终将论证分析推向全面性与充分性。

在这样的问题和引导下，课堂上师生之间和学生之间产生了主动和持续的应答讨论，有力地促进了这个目标的实现。

四、成效启示

在这样的问题引导的互动教学和课堂讨论后，学生再次对《要有黑暗》进行阅读分析。这一次的作业内容显示，学生已经开始遵循质疑、求真精神来对文本进行审慎而全面的分析、辨别和评估。这也正是"批判性地读"的环节的特征——批判性阅读中第二阶段的任务，即在第一阶段理解的基础上，对论证过程进行质疑、评价和发展。这时，学生从原来漫无目的地阅读与分析，转变为全面审慎地阅读与分析。如前所述，在这种转变中，教师通过课堂的互动教学策略起到关键作用。

为评估教学效果，我们通过分析课堂师生语言行为与课后访谈材料，得到以下结论。

（一）教师有意识地探索实现"以学生为主体"的课堂

我们借助改进型弗兰德斯编码系统编码工具①，分析批判性思维课堂中师生的行为频次，行为频次反映师生行为的占有时间。分析本节课的课堂师生语言可知，学生语言比例（67.52%），教师开放性问题的提问占教师提问的比例（99.72%），学生言语中与同伴讨论所占比例（42.09%），学生主动应答占学生主动说话比例（99.72%）和学生主动应答占学生应答比例（97.53%），均达到较高的水平。进一步分析发现，学生语言是教师语言的2.3倍，与传统课堂的教师语言占主导的现象呈现相反的趋势，这说明促进学生的学习能力成为课堂的首要目标，教师更多转向对学生学习的引导与训练和课堂的组织，教师在批判性思维课堂上扮演的是生成知识的促进者、学生学习的引导者和课堂的组织者。教师提问在课堂中占比适中，教师在批判性思维课堂上表现为直接的知识讲授减少，基于案例分析与问题解决的梳理与总结增加。此外，教师语言中对学生的积极强化与消极强化比率极高，对学生的积极强化语言是消极强化语言的9倍，积极强化中采纳意见占主导。大学生与未成年学生的区别在于，大学生具有较强的独立思考能力，因此，没有依据的夸奖和夸大其词的鼓励不仅无法起到促进作用，反而会阻碍师生间信任关系的形成，这点提示我们要在高等教育的批判性思维课堂教学中为学生提供高质量的反馈与强化。

（二）从互动过程中寻找多种可能性，为问题的解决提供不同的替代方案

对于每一位参与其中的学生来说，来自教师和同伴的观点、思路甚至行为模式，成为一面面角度不同的镜子，为问题的分析提供多元的可能性。比如，本次课程课后访谈中，有学生提到："我们这次课程前，基本上就没有考虑到反例这个部分，还有就是没有考虑到概念的清晰，我们就只会直接从论证的角度来看，就是说这个论证的过程，对前提、推理过程和结果来进行评估，就是从论证本身去做一个分析，做一个梳理，没有意识到那个反例的部分。"这说明学生在课前任务的讨论中思考出的内容，通过教师课堂上进一步的

---

① 改进型弗兰德斯编码工具是用于师生在课堂上言语互动过程的观察分析工具，它由三部分组成：以教师、学生的言语行为及沉寂情况这三大类别所划分的编码系统，其中包含14种互动行为编码；观察课堂教学进行编码的步骤规范；解码并对数据进行分析、呈现的方法。[3]

提问和启发，对比自己的思路和答案，发现自身思考的局限性，收获不同的推理视角。师生间、生生间的互动和启发，润物无声地浇灌了学生的开放性。

（三）开放性、反思性的教学模式和教学风格，促使学生进一步探索

课程设计中的"课前视频导学—课前任务小组讨论—课堂陈述与分析讨论—教师三位一体角色整合"模式，使学生有机会获得完整的探究与反馈过程，从而提升学生的反思性。比如，有学生提到："我们评估《要有黑暗》那篇论文的时候，对论文的结构好像并没有很具体的分析，就是我们要将这些很宽泛的点一个一个嵌入进去，然后写出来的东西呢，它的结构性不是很强，可能是对文章本身结构的把握不充分，想到一点写一点，写出来就很乱的，不是很全面。比较容易遗漏一些重要的东西。还有就是概念，我们对概念本身也没有进行很充分的考虑。这次我们课前做的（答案），跟老师上课时提出的问题，我感觉有的要点就匹配不上，很多东西我们是缺少的。"这说明学生通过课前自主思考，课中教师的启发与反馈，能够主动地认识到自己思维的局限性，看到全面性的可能，并且乐于去接受和进一步探索。

（四）反思性的前提条件是自律性，是元认知、自我检查和自我修正

比如，有学生提到："他说明他的观点的时候，我从辩证的角度去思考是否存在反例，去让观点表述得更加严谨一点，我觉得这是作为一种批判性思维的方法来体现。既然我要从全面性去思考别人的观点是否严谨，那么我自己举的例子也要具有全面性这个方面的特点。但是如何满足这个全面性就是我所面临的困难。面临这个，就有另外一个方法，比如说自我反思，你要举出反例反驳他人的时候，你先想一下你自己的这个例子是否具有反例的反例，这样就可以保证起码不会太荒谬。"学生在检验他人观点全面性时，为了保证自己论证的全面性，分析、审视对方和自己观点的反例，逐步递进，层层深入，不断监测、检查、修正自己的论断、依据、逻辑，自然而然地形成严谨的思维习惯。

（五）学生在课程中的自我检查和自我修正，体现了求真中所蕴含的求索精神

以下的课程感悟反映了学生的求索倾向："老师和同学的观点很难在一个问题讨论的那十几分钟之内达到统一，当那个问题过去之后，那个同学的观点还是没有太大的改变，只是留下了一个思考的影子。如果后续同学自己不继续从那个角度进行切入性思考的话，那么他就相当于没有没有经过那十分钟的讨论，那十分钟讨论就相当于没有什么效果了。他自己，其实那十分钟可能就只是开了个头，但是需要他自己后面再去进行深入的，或者说一个比较系统的反思，但是能做到这样的同学其实是很少的。而且即便他进行了深入的思考，他没有一个标准，知道自己到底进行到哪一种深度。比如说一个问题有三层，刚开始理解是第一层，然后老师讲了之后，你思考到第二层，你以为就够了，但其实不够，还有一层你没有领会到，但是你没有和老师或同学后续的互动，那就只到第二层了。"

五、教学策略的反思

不过，本次课程的互动性教学策略也存在一些问题，反思这些问题，有助于未来教师不断改进教学方式，提高教与学的质量。

（一）优化提问策略

尽管教师能够在案例分析中提出开放性问题，但教师提问后的进一步启发力度略显不足，对学生沉默的应对略显欠缺，学习者有充分的思考时间和过程，但没有使思考结果得以展现。这种单独的提问策略不适合促进学生将推论的能力应用到问题解决上，容易使学生产生茫然感，不利于学习者批判性思维能力的培养。因此，教师在提问时，应针对问题的类型、深度与难度，贴合学生的思考节奏，给予更加聚焦的启发和引导，帮助学生批判性地思考问题。

（二）提供有效反馈

在本次课堂中，教师对学生的积极言语比率很高，能够认可学生对于问题的主动应答与提问，但教师在反馈的过程中深度和精度不足。教师可以通过学生的主动提问行为和有益于教学的沉寂课堂现象，更精准地把握学生对教学内容的掌握情况。但教师在此后必须提供及时的反馈，通过启发引导或者直接讲授的方式，帮助学生理解问题。否则，学生的疑问得不到解决，学习的积极性也会有所下降。尤其在学生的讨论过程中，教师的反馈和引导能够保证小组协作的正常进行。因此，教师要鼓励学生主动提出问题，并给予及时的反馈，必要时主动参与到小组讨论之中。

（三）强化实践训练

在最后一次《要有黑暗》的作业中，学生虽然能够从概念、证据、推理、隐含假设、辩证方面做出比较充分综合的评价，但总体来看，认同、肯定文章观点的居多，深入探究、辩证思考的内容不足。比如，在概念方面缺乏进一步的细化澄清，对证据的充分性分析不够深入，对推理的分析和隐含假设的可信性分析不足，对文中的价值片面性也有所忽略。这与学生学习批判性思维时间不长，批判性阅读与批判性写作的实践练习机会有限紧密相关。这提示我们今后需要拓展更多的课内外资源、渠道与机会，让学生充分练习、不断实践，巩固批判性思维的内化过程。

参考文献

[1] 董毓. 批判性思维十讲——从探究实证到开放创造 [M]. 上海：上海教育出版社，2019.

[2] Paul Bogard. Let there be dark [EB/OL]. https://www.latimes.com/opinion/la-xpm-2012-dec-21-la-oe-bogard-night-sky-20121221-story.html.

[3] 方海光，高辰柱，陈佳. 改进型弗兰德斯互动分析系统及其应用 [J]. 中国电化教育，2012 (10)：109-113.

The Application and Effects of Interactive Teaching Strategies in Critical Reading for College Students

Guo Wen, Zhang Yan

Abstract: Stimulating students to think and explore on their own is an important goal of critical thinking teaching, and interactive teaching is generally considered as a good strategy to achieve this goal. However, implementing interactive teaching strategies that combine specific knowledge and skills is often a challenge for frontline teachers. This paper presents teaching cases to demonstrate how to effectively learn critical analysis and evaluation skills in the teaching process of critical reading through problem-based curriculum design, combined with high-quality classroom interaction and progressive feedback.

Keywords: critical thinking; critical reading; interactive teaching; problem guided learning

汕头大学整合思维课程混合式教学的成效和反思

孙金峰

【摘　要】　汕头大学整合思维课程包括创造性思维、批判性思维和系统性思维三部分内容，以批判性思维教育为主要教学内容，并采用混合式教学方式。混合式教学要求学生先进行线上学习，之后教师在（线下或线上）小班导修课堂上就线上学习内容进行拓展和深化，最后主要以形成性评价方式来考核。这样的混合式教学在培养学生的批判性思维能力上取得显著成效，但也面临一些问题和挑战。

【关键词】　批判性思维；人才培养；汕头大学；整合思维

一、汕头大学整合思维课程的启动和初心

2011年，时任汕头大学（简称"汕大"）校长顾佩华为推动汕头大学"先进本科教育"，倡导开设整合思维课程，以培养学生从多方面全方位思考问题和解决问题的思维能力。2012年起，汕大开设整合思维课程，并规定将其作为全校本科一年级学生的通识必修课，同时开展以"植入整合思维"为导向的教育教学改革，将整合思维能力的培养贯穿于教育教学活动的各个环节。经过多年努力，汕头大学形成了一套以整合思维培养为中心的教育体系。[1]

处于核心和基础地位的整合思维课程，为了有效教学，在内容和方法上，都进行了独特的探索和实践，产生了良好的成效。

"整合思维"教育理念认为，在当今世界，高等教育的人才培养的目标，除开学习专业知识和技能，还要具备创造性地提出问题、分析问题和解决问题的能力。而要实现该目标就要培养学生的创造性思维能力、批判性思维能力和系统性思维能力。与该理念相应，整合思维课程的内容包括三大模块，分别是创造性思维、批判性思维和系统性思维。如果按照在中国大学慕课平台上的整合思维课程来看比例，它共有18讲内容，创造性思维部分包含6讲，批判性思维部分包括10讲，系统性思维包含2讲。[2] 将这三个模块组合在一个课程中，是有创新性和挑战性的。

不过，更有挑战性的，是它采用的混合式教学方法。它代表对传统的"大课通讲"教

[作者简介]　孙金峰，男，汕头大学文学院，主要从事批判性思维、全球公正等方面的教学和研究。

学模式——它不仅在很多专业课中,而且在许多批判性思维课中也流行——的直接改革。这种混合式教学方式,虽然作为问题、互动和实践性的教育理念的部分而一直受到推崇,在国际上类似的实践也不鲜见,但在国内,依然并未得到广泛推行。原因当然有很多,实际操作的困难是一个重要部分,首先是缺乏关于"如何做"的具体知识和经验。本文介绍汕头大学的线上线下大小班混合的教学经验,以期对这个"如何做"的问题提供一些回答,有助于推动批判性思维教学的改革。

二、汕头大学整合思维课程混合式教学设计

从2012年开始,整合思维课程的教学采取了国外高校多用的大班讲座加小班导修的模式,并在此基础上不断演化,最终形成了"大班理论讲授(每周一节课、每班约250人)+小班思维训练(每周两节课、每班约20人)"的混合教学模式。[3]

从2018年秋季学期开始,为顺应"互联网+"教育的趋势,改善教学效果,汕大整合思维课程进行教学方式改革,全面推行学生线上学习和师生线下导修课的结合模式,并采用多种考核方式。其中的线上部分依托中国大学慕课网站进行,线下教学由各助教老师开展。

具体而言,学生先进行线上慕课内容的学习,之后在线下导修课上,导师引导学生就线上所学内容进行回顾和讨论,并对其进行深化和应用。本课程课时为十六周,线下导修课每周一次,每次两节课,每节课四十五分钟,每个班大约三十至四十名学生。在第一周导修课上,导修课老师对课程内容进行总体介绍,讲述课程总体内容安排、学习方法、学习要求、考核方式等内容,并布置相关线上慕课学习内容和要求供学生课后自主学习。在下一周的导修课上,老师设计相关练习,组织学生讨论并发言回答,对第一周布置给学生自学的线上内容进行探讨、运用和深化。在此过程中,老师针对学生自学过程中的疑问或疏漏进行讲解或补充。此后的线下导修课教学都依照此种模式来进行。

这种课程设计将教学内容明确划分为学生线上自学内容和线下教学研讨内容两部分。在每一周的线下教学中,老师都告知学生下一次课的线上学习内容,提出具体的学习任务,布置作业要求学生通过线上自学完成。通过这种方式,学生的线上自学不是散乱的,而是按照明确目标和具体指引来进行的,这就增加了学生线上自学的积极性和可行性。一般而言,老师一般会布置概念性、知识性的内容由学生进行线上自学,因为这种类型的内容比较适合自学,同时为了进一步提高学生自学成效,老师也会布置一些理解性、应用性的内容和作业要求学生进行线上自学。

在线下的导修课教学中,老师首先通过各种方式(例如测验或提问)来了解学生对线上学习内容的理解和掌握状况,然后根据学生的理解和掌握情况有针对性地对线上学习部分的难点和易错点进行深入讲解,解答学生的疑问,确保学生都能够正确理解和掌握线上学习内容。在学生充分掌握线上学习内容之后,老师会设计相关的开放性问题与学生进行探讨,以此对线上学习内容进行深化。在此过程中,学生可以再次学习线上内容以便解决相关问题。可见,混合式教学通过这些设计将学生线上自学和线下教学紧密地联结在了一起。

简而言之，汕头大学整合思维课程混合式教学设计如表1所示[4]。

表1　汕头大学整合思维课程混合式教学设计

学习过程	老师教学内容	学生学习
线上学习	布置学习内容和任务，发布学习资源；查看学生学习进度、状况；参与学生线上讨论，回答疑难问题	观看课程视频，线上自主学习；提出疑问，发表观点，进行线上讨论
线下学习：课堂教学与研讨	课堂测验，了解学生对线上学习内容的掌握程度；讲解线上内容的重点和难点；讨论相关开放性问题	回顾线上学习内容；提出并研讨学习的问题；对比老师的讲解，进行批判性学习，加深对内容的理解
线上学习	布置学习内容和任务，发布学习资源；解答学生疑难，参与学生线上讨论	借助在线资源进行自主学习；提出疑问，发表观点，进行线上讨论

三、整合思维课程混合式教学的实施

在整合思维课程混合式教学的实施过程中，学生线上自学与老师线下教学的结合是工作的重心，为此，老师们设计了多种活动以促进学生对线上自学内容的理解和掌握，通过多层次、多种类的考核方式来检查学生的学习理解程度，增进学生的学习效果。

（一）线上自学为前提，线下跟进为保证

在学生线上自学与老师线下教学相结合方面[5]，整合思维课程重新进行了教学内容设计，重新审视所有教学内容，将适合线上自学的内容和适合线下教学的内容进行分类。针对那些适合线上自学的内容，课程团队明确要求学生进行线上自学，设计了线上练习题以督促学生进行线上自学，并根据学生答题情况来检查学生学习效果。针对那些不适合线上自学的内容，教学团队也要求学生先在线上进行自学，形成初步认识和理解，发现难点和问题，然后在线下课堂上老师根据学生的理解掌握程度，着重讲解相关内容。

在线下教学活动设计方面，该课程教学团队设计了多种多样的学习活动以检查学生自学效果并对相关学习内容进行加深、拓展或应用。课程团队所设计的学习活动包括课堂测验、课堂报告、小组讨论、小组辩论等。课堂测验主要针对学生线上自学和线下教学的重点内容，采用线上作答的方式，由老师事先准备好相关题目，然后由学生作答。通过这种测验，老师一方面可以检查学生线上自学和线下教学的成效，获得关于教学活动和教学安排的有效反馈；另一方面可以即时掌握学生的答题情况，了解学生对相关知识和内容的理解程度，可以给予学生即时反馈和解答，并且有针对性地调整讲课策略和教学内容安排。

（二）考核注重形成性评价

在考核方式方面，整合思维课程侧重形成性评价，采用了多种评价方式。鉴于课程内容包括创造性思维、批判性思维和系统性思维三部分，考核方式和内容也根据这三部分内

容做了相应的设置。总体而言，根据每部分内容线下教学部分所占学时，以百分制计算，创造性思维部分占总成绩的35%，批判性思维部分占总成绩的60%，系统性思维部分占总成绩的5%。批判性思维部分的考核包含四部分，分别是，个人研讨参与，占此部分总分的30%；小组报告，占此部分总分的15%；学习心得报告，占此部分总分的5%；批判性思维论文，占此部分总分的50%。其中，个人研讨参与部分的考核包含两部分：一是慕课测验成绩；二是老师对学生线下学习表现的综合评分，分别占此部分总分的50%。批判性思维论文的考核也包含两部分：一是论文初稿，占此部分总分的40%；二是论文终稿，学生根据老师针对初稿的反馈而完成，占此部分总分的60%。

这样的考核贯穿于整合思维课程三大模块的学习过程之中，它们以形成性评价为主体，[6] 及时地针对学生的线上线下学习表现给予评价和反馈。这种考核方式，一方面使学生了解到自己的学习状况，在之后的学习中能够有针对性地进行改进；另一方面使老师了解到学生的学习状况，能够对自己的教学方法、内容和成效进行及时的反思，从而及时调整教学方法和内容，持续性地改善、提高教学效果。

四、教学实例：批判性思维论文写作

批判性思维论文写作是汕大整合思维课程的核心内容。批判性思维论文写作分为两种类型：一类是分析性论文，即对原文进行分析，评估其论证；另一类是论证性论文，即针对某一问题提出观点并对其进行论证。

批判性思维论文写作的教学也是按照混合式教学来进行设计的。在线上自学部分，学生需要学习批判性思维论文写作的含义、选题、种类、结构、写作举例等内容，在线下导修课中，老师主要通过具体写作案例的分析和展示，结合学生的参与和练习，就如何写作来启发并引导学生，从而培养学生的写作能力。

下面以这两种论文写作为例来展示批判性思维写作课程线下导修课的设计和开展。

（一）分析性写作

首先以分析性论文写作为例。老师会给学生提供若干篇文章供学生进行选择，作为分析性论文写作的对象。在课堂上，老师会选择一篇文章来展示。例如，2021年秋季学期，老师曾以《对拾金不昧者，该奖励吗》[7] 这篇文章为例来展示分析性论文写作的过程。

老师首先要求学生通读全文，要求学生在小组内思考并讨论如何针对此文章来写作一篇分析性论文，之后要求每组学生发言，讲述本组同学的写作思路，并提出相关疑问。在听取每组学生发言时，老师对学生的构想进行相应的深化和补充，并回答学生疑问。最后，老师就写作分析性论文的整体思路进行总结，并给出如下分析和写作框架：

1. 确定论文的主题、主要主张及论据。
2. 将相关论证进行结构化，理清该文的论证结构。
3. 对文章进行语理分析：包括厘清论文的主要主张及论据的意思，确定要讨论的问题的性质，以及有否语害，等等。

4. 对文章进行论证分析及谬误评估：包括有否提出理据（或论证）来支持其主张，理据是否充分，以及有否其他谬误。

5. 思考是否存在别的论据可用来支持或反对有关主张。

6. 总结（结论）。

以上分析框架虽然很全面，但对学生来说可能仍然比较笼统和抽象，缺乏具体的操作性指引，于是，老师将上面的问题进行提取和具体化，要求学生思考和回答这样的问题：

1. 所分析的文章的主题是什么？
2. 它的主要主张是什么？
3. 有关主题及主张所涉及的关键概念和问题是什么？问题的性质是什么？
4. 它提出了什么论证？
5. 有关论证有否存在语害？（语理分析）
6. 有关论证有否犯了谬误？（谬误剖析）
7. 是否存在别的论据可用来支持或反对有关主张？
8. 相关论证所引用的数据和资料的来源是什么？其可信度如何？
9. 结论。

通过思考并且回答这些问题，学生能够明确要分析的文章的论证，了解它的优缺点，得到要写作的论文的内容要点，从而构成论文的总体结构和思路。

（二）论证性写作

在进行论证性论文写作时，老师也会先给学生提供若干篇论说型文章，要求学生通读并思考，从中选择自己感兴趣的主题。例如，2021年秋季学期，老师提供给学生的文章包括《"女性免费"就是性别歧视吗？》[8]《有车有房突发意外，能不能众筹？》[9] 这两篇，要求学生从这两篇文章中确定自己感兴趣的主题并进行写作。选定主题之后，老师会要求学生进行分组讨论，确定各自的立场并构思如何行文对其进行论证。

在学生讨论完之后，老师听取学生关于写作思路的发言，并给出反馈，对学生的思考进行深化和完善，之后老师给出论证性论文写作的总体框架和指引如下：

1. 选取主题。
2. 提出要确立的主张（某一观点或立场）。
3. 提出理据来支持有关主张。
4. 对有关主张和论据进行语理分析，包括厘清有关主张及其相关概念的意思，确定要讨论的问题的性质，以及相关论证是否存在语害等。
5. 检查所提出的论据，对有关论据进行论证分析及谬误研判：理据是否充分，以及是否存在其他谬误。

  6. 思考可能的驳论：

    (1) 列举有可能出现的驳论；

    (2) 对有关驳论进行反驳（即对其进行语理分析和谬误研判）。

  7. 总结：做出结论。

  之后，老师给学生布置课堂写作练习，以帮助学生更清晰、充分地理解以上写作结构。该课堂写作练习要求学生选择相关主题，构思相关论证来支持其相关立场。例如，老师可以"电动自行车逆行是否应该给予罚款处罚"为主题来进行此课堂写作练习。在此练习中，学生需要回答以下问题：

  1. 拟写作的论文题目是什么？

  2. 拟确立的主题及主要主张是什么？

  3. 有关主题及主张所涉及的关键概念和问题是什么？问题的性质是什么？

  4. 拟提出什么论证来支持相关主张？（为有关主张提出辩护）

  5. 相关论证是否存在语害？（语理分析）

  6. 相关论证是否存在谬误？（谬误剖析）

  7. 论证中所引用的数据和资料的来源是什么？其可信度如何？

  8. 反对者会提出何种可能的反驳？对此，应该如何修正或者调整你的观点与论证？

  9. 有关驳论是否存在语害？（语理分析）

  10. 有关驳论是否存在谬误？（谬误剖析）

  11. 总结：做出结论

  以上问题将论证性论文的写作框架分解为具体的可操作的内容。通过回答这些问题，学生能够清楚掌握相关论证性论文写作需要包含的内容要点，能够更加清晰地理解论证性论文写作的结构和逻辑要求。

五、整合思维课程的成效与存在的问题和困境

  整合思维课程教学在汕大取得了很好的成效。2019年，汕头大学以全方位一体化的整合思维教育为主题申报国家教学成果奖，最终获得二等奖。[10] 整合思维课程作为该教育体系的核心作用较大，它尤其在培养学生批判性思维能力和品性方面取得了实效。

  第一，学生的质疑精神得到了培养和提高。对信息的盲从和被动接受是中国中小学应试教育背景下培养出来的学生的常见思维弱点和缺陷。通过批判性思维课程的教学，学生在分析相关信息时，明显体现出质疑精神。他们对通过各种媒介——尤其是网络——获得的信息，不再盲目接受，而是首先审查其可信度如何。这是难能可贵的成绩。

  第二，学生的反思精神得到培养。在课程之前，学生自我中心的思维倾向比较明显，

难以做到对自己的思维进行自觉的反思，以及对他人的观点和立场进行同情的理解。通过学习，学生不仅能够对他人的观点和论证进行反思，也能够对自己的观点和论证进行反思，能对他人的立场表示出一种同情的理解。这也是很难得的成绩。

第三，学生分析论证、评价论证和建构论证的能力得到明显提升。在课程之初，学生对于论证的含义都是不清晰的，不清楚如何具体、深入、全面地对论证进行分析和评价，更不懂得如何独立建构结构完整及说理全面、严格的论证。通过对论证的学习，尤其是通过批判性思维论文写作的学习和锻炼，学生对论证的认知、分析、评估以及建构自己的论证能力有很大提高。

汕大整合思维课程在批判性思维教育方面所取得的这些成绩与它对批判性思维的定位是分不开的。董毓老师在 2014 年就撰文指出批判性思维既是一种理智习性，也是一种能力，其目的是获得真知，更好地解决问题，从而推动社会进步。[11] 汕大的批判性思维教学的定位就是将批判性思维作为一种理智习性和能力来培养，并且将社会热点问题作为讨论案例融入教学作为学生分析论证和构建论证的素材。

毋庸置疑，汕大的批判性思维教育也存在一定的问题和困境。

第一，有些学生误以为批判性思维课程等同于"杠精修成课"。这表明部分学生仍然对批判性思维存在误解，但更重要的是，它反映出在具体的教学中，老师没有把批判性思维教学中的分析与评估论证等相关内容与"抬杠"区分开来，反映出教学内容中的问题。如果论证分析中的事例是琐碎的，分析是不严肃的，难免给学生造成"抬杠"的观感。这是教学中的具体问题，也与教师水平密切相关。老师对批判性思维的含义的理解、对相关论证进行分析和评价的能力高低都直接影响学生的观感。

第二，学生忽视线上学习内容。由于有时候学生依据已有的知识和常识，即便事先不进行线上学习，也能参与线下课程的学习和讨论，这导致线上学习内容被学生当成可有可无的部分。这就导致线下教学效果大打折扣，甚至出现线下教学另起炉灶，与线上教学内容脱节的情况。

第三，第二个问题对线上线下混合式教学的预期效果产生负面影响。混合式教学的指导思想与教学思路是，学生通过线上自学掌握基础知识和内容框架，老师在线下导修课上解答学生疑惑，设置不同的课堂练习来应用、拓展、深化线上学习内容。由于学生的忽视，事先未进行深入的线上学习，一些基础性的必要知识就无法在线下导修课上课之前掌握，从而导致老师在线下课中原先设计的对线上学习进行应用、拓展和深化的内容无法有效展开。在这种情况下，老师往往只能无奈地把线上本应由学生自学的内容搬到线下课堂来讲，这就导致原先的教学设计难以得到充分施行，教学效果难以达到预期。

第四，教师团队工作积极性、学校重视程度等因素产生影响。汕大的批判性思维教育是由一个教师团队来开展的，团队成员基本都是硕士研究生毕业，承担助教岗位的教学工作。该教师团队对教学事业充满热情，工作认真勤勉。但与其他教职相比，助教的岗位缺乏稳定性，收入水平也相对较低，这对该教学团队的工作积极性产生不利影响。同时，由于现行的课程教学评估仍然将项目申报、教学奖项申报、教学竞赛获奖等作为评价课程优劣的指标，而整合思维教学团队近些年来在这方面不具备优势，再加上通识教育课程面临的"劣币驱逐良币"的问题[12]，对汕大整合思维课程的认知、信心、士气和组织都有负面影响。

参考文献

[1] [2] [3] 王雨函, 赵无名. 汕头大学批判性思维教育的综合模式与反思 [J]. 批判性思维教育研究, 2022 (2): 88-95.

[4] 孙金峰. 混合式教学在汕头大学《整合思维》课程中的设计与实施 [J]. 高教论坛, 2020 (1): 16-18, 29.

[5] 曾书卉. "线上线下"大学英语混合式教学模式探究 [J]. 智库时代, 2019 (26): 187.

[6] Ellen Weber. 有效的学生评价 [M]. 国家基础教育课程改革"促进教师发展与学生成长的评价研究"项目组, 译. 北京: 中国轻工业出版社, 2003.

[7] 对拾金不昧者, 该奖励吗 [EB/OL]. https://baijiahao.baidu.com/s?id=1692673025327143248&wfr=spider&for=pc.

[8] "女性免费"就是性别歧视吗? [EB/OL]. https://www.thepaper.cn/newsDetail_forward_16238770.

[9] 有车有房突发意外, 能不能众筹? [EB/OL]. https://m.thepaper.cn/baijiahao_14134486.

[10] 汕头大学两个项目获国家教学成果奖二等奖 [EB/OL]. http://static.nfapp.southcn.com/content/201901/08/c1825526.html.

[11] 董毓. 我们应该教什么样的批判性思维课程 [J]. 工业和信息化教育, 2014 (3): 36-42, 77.

[12] 吕挺. 通识教育中的"劣币驱逐良币"现象探析 [J]. 大学教育, 2020 (1): 22-24.

The Effect and Reflection of Hybrid Teaching of Integrative Thinking Course in Shantou University

Sun Jinfeng

Abstract: The Integrative Thinking course of Shantou University includes three parts: creative thinking, critical thinking and systematic thinking, with critical thinking as the main content. The course adopts hybrid teaching, in which students conduct MOOC learning first and then teachers expand and deepen the contents students have learned from the MOOC in the small classroom tutorials. It adopts formative assessment. This course has achieved remarkable results in cultivating students' critical thinking ability but also faces some problems and challenges.

Keywords: critical thinking; talent cultivation; Shantou university; integrative thinking

迎难而上

——华中科技大学批判性思维小班教学

陈尚宾

【摘　要】 批判性思维是培养理性、创新人才的重要抓手。大家公认小班教学更加适合推广批判性思维。继2022年寒假开启教师培训之后，华中科技大学于2023年春季学期开设批判性思维小班选修课。目前，第一轮小班教学已顺利完成，课程定位、教学形式、教师配置等受到学校和学生方面的赞扬和肯定。但是，小班教学在全校学生普及度、选课学生出勤率、教学目标达成度等方面令人担忧。为此，华中科技大学批判性思维教学团队分析了小班教学的必要性、挑战性、可行性，特别是针对小班教学困难考虑解决办法，以"正-反-正"模式论证：批判性思维小班教学应迎难而上。

【关键词】 批判性思维；小班教学；正-反-正论证；钱学森问题

一、问题的提出——为什么要广泛开展小班教学

小班教学不仅仅班级小，而且也是一种教学模式：一个较小班级——通常不超过30名学生——是为了更好地满足学生的个性化需求和提高教学质量。在小班中，教师可以更好地关注每个学生的学习进度和学习需求，更好地与学生进行互动和沟通。同时，在小班中安排小组的方式，使得学生之间的相互交流和合作也更加频繁和自然。小班教学天然适配批判性思维教学——培养理性和创新性的核心精神和技能，更加需要小班教学模式中凸显的个性化、多互动等特征。2009年，华中科技大学率先在启明学院电信系06和07级种子班开设批判性思维小班教学并延续至今。[1]

小班教学也是董毓教授一直的追求。他认为如果照传统方式上大班课，很容易成为照本宣科、满堂灌式的水课，不能激发学生的思考和实践。批判性思维的课程，更应该按照批判性思维的方式教学。而且，针对大学生常见的"三无"（无问题、无想法、无论证）现象这一痼疾，应该重整旗鼓来开设小班教学。这是回答钱学森之问的一个必要条件。

所以，批判性思维小班教学的提出是从国家需要、人才培养、教学提升、实践创新等角度综合考虑的结果。

[作者简介]　陈尚宾，男，华中科技大学武汉光电国家研究中心，主要从事计算神经科学研究和教学。

但是，推广小班教学有其理念和实践上的困难。2020年，华中科技大学的批判性思维公选课面向全校本科生开启，直到2022年底，还是采取大班教学（80~120人每班）。大家都知道小班上课效果好，但是合格的批判性思维师资短缺、小班教学大纲空缺，直接约束了华中科技大学在多院系铺开小班教学。

批判性思维中心常务副主任、教育科学研究院陈廷柱院长在对前期工作总结时也指出，存在"教学队伍分散""开课数量较少""共享大课教学效果不佳"等问题。

所以，通过培训发现并培养一批有志于批判性思维教学与研究的教师进而开设批判性思维小班公选课程，是全面统筹推进批判性思维课程教学的重要措施。

二、首次较大规模的小班教学实施过程

（一）小班教师培训

自然，扩大小班教学的第一步是培养小班教师。2022年12月至2023年1月，根据安排，董毓教授主持了华中科技大学为期2周的寒假教师培训，约40位志愿参与的教师，按照小班教学的课外预习-自学-讨论-练习-考核的模式，分组进行了学习。2023年1月15日，随着考核作业和演示的完成，教师培训结业。[2] 由此完成开设小班教学的第一步。

（二）较大规模的小班教学的首次实战准备

很快，春节后不到一周，1月26日，根据动员和自愿相结合方式选拔了9位老师来开启教学，课程组组长由张妍、陈尚宾两位老师担任，拟在行将到来的春季学期就开课，铺开12个班。这个计划遇到时间紧、课程安排工作繁重的问题。刘玉教授带领课程组日夜兼程，迅速完成了课程登记、招生海报和微信推文、集体购买《批判性思维十讲——从探究实证到开放创造》教材、对接教务处协调等工作。教务处也特事特办、迅速推进，同意学生先选课、后在校内系统注册，排好正式课表等。

远在加拿大的董毓教授，也同时在加紧完善课程的教学准备。根据教师提议和反馈，他数易其稿修订教学方案，增加新的预读和写作材料，制定和更新学生版的教学大纲、综合阅读题、学生练习题；进一步修订教学大纲、各讲的PPT及其答案，以及其他辅助资料。董毓无偿提供的全套成体系的教学方案和材料，凝聚着他10多年的研究和小班教学的经验，是为回答钱学森之问而融合先进理念和方法的精心构造，它从指导思想、教学内容和方法上保障了这次课程的进行。开课前，董毓还专门系统介绍和解释了课程设计的目标和原理、教学方法、教学程序等，希望教师为新的教学做好思想和认知上的准备。他指出，课程的最基本目标，是学生了解和研习这样一套探究实证的系统方法，知道今后在阅读、写作和研究时可以运用，从而帮助解决前述的"三无"缺失。他建议：每次课前应集体备课，每次课后要做好课程总结和经验积累，课程实施要与具体学科关联。

(三) 课程在合作和紧张的气氛中启动

批判性思维中心召开教学团队建设研讨会，邀请机械学院、电气学院、生命学院、集成电路学院、光电学院、计算机学院、电信学院、外语学院、基础医学院、药学院、管理学院、体育学院的领导参加，商讨落实小班教学的各种措施，包括构造专业小班、安排集体备课及课堂听课等保障手段。

2月8日起，招生宣传同步在线上线下迅速展开：招生海报和推文四处张贴，各个开课学院也极力邀请学生报名。经过课程组和各学院的多方努力和不断跟进宣传和调整，最终开班和报名情况基本达到目标。由此完成了培训后立刻"上马实战"的准备工作。

(四) 教学从小组预习开始

报名和建立班级后，按计划，各位老师纷纷建立班级QQ群把已选课学生编入其中，并在群里通知学习要求和预习任务，包括要求学生看超星上的视频网课"批判性思维"以获得对批判性思维的总体印象。

3月1日，首度有老师报告学生退课，退课原因是公选课学分已满、双学位时间冲突以及体育训练。课程组灵活"缩编"：实开小班10个，任课教师8名。3月4日，小班教学开课之后，还有不少学生要退课，原因是课程太难、作业太多，也有学生反映批判性思维把"简单问题复杂化"，与其习惯不合……小班任课老师诚恳挽留每一名学生：耐心解释说明批判性思维课程的特点；推荐因可能产生时间冲突的学生到另一个班级"借读"；挽留因学业、工作忙碌要求退课的同学仍然留在班级QQ群里多交流讨论。

按照计划，老师们依据事先拟定并在培训中检验过的教学大纲进行。不过，在进行中，各个小班教学并非千篇一律。从教学组织到教学方法等，教师根据自己的经验和学科优势，根据面对的学生的专业和情况，各显神通。有的老师自费为学生准备课间茶歇，为学生分组并准备不同颜色的座位牌，给自己准备了一个名字牌："教练、主持人、问题发起者"。这样跟学生打成一片，形成活跃的课堂气氛。有的老师携带巨幅白纸到教室，鼓励学生演板、多写想法和思路。有的老师重视对学生的评测和反馈，所以能及时上传学生的反馈和意见。有的老师根据学生的专业准备问题来教学。有的老师充分利用智慧教室多屏异步投影不同教学内容，被提问同学可以击鼓传花选择下一个回答问题的同学。有的老师善于利用超星网课覆盖学生的批判性思维基本面学习，然后在课堂上将主要精力放在案例讲解上。有的班组织了新颖的"田野课堂"：在学校湖溪河畔，以定向越野活动为主线设定六个地理位置点——对应评估六大要点；学生分四组，参加机械类论文的批判性阅读和分析，依据论证评估六大要点分析后，将提出的问题、质疑或者分析，写纸条投入六个点位的小盒子……这样的做法，有效提高了学生注意力，避免课堂沉闷，很受欢迎。不久，应学生们要求，又一次在青年园组织了四个小班联合的田野课堂。

课程中遇到的主要困难之一，还是由于各种原因导致的学生缺课情况。任课老师非常理解同学们周末上课、活动、考试等诸多困难客观存在，对于同学们调课一律绿灯。对缺课严重的情况，老师多能淡定沉着应对，灵活改变形式进行有效教学。还有其他一些困难，老师们也是团结一心共同克服。

（五）认真、有力的教学支持和反馈

为了备好课，课程组先后组织了 10 次群策群力备课复盘会；为了讲好课，8 位任课老师不辞辛劳相互听课、共同提高。学校教学督导团多位老师多次随堂听课，有的还参加过备课复盘会，给小班任课老师提意见、谈改进。此外，批判性思维中心、教科院、外国语学院、生命学院等部门的领导也参与听课及走访。

随着课程进展，学校督导对批判性思维课的评价越来越好，任课老师增强了信心和士气。最热闹的是，当各个小班结课时，自发组成的教师"评审团"——最多一个班有 4 人，共同见证了同学们自信满满的结课考核答辩。当最后一个小班考核完毕，全课完成，课程组一片欢腾。开课伊始，大家心里更多的是担心；现在，大家的自我评价是经受考验、灵活机动、奋战到底、胜利结课！

三、第一次小班教学的收获是什么

2023 年 7 月 10 日，第十届全国高校批判性思维和创新教育研讨会召开。[3] 会上举办了 4 节批判性思维现场观摩课，以华中科技大学的师生为主角，复现了春季多院系开设批判性思维小班教学的场景。生动的场景引起与会代表的浓厚兴趣，观摩之后展开热烈讨论并给予好评。观摩课的成功可以说明其获得了批判性思维领域同行的认同和肯定。

（一）教师：课程成效良好

课程组织者和任课教师的感受也是如此。

课程开始几周后，刘玉教授就总结了两个突出感受：①（寒假）教师培训在线上举行，也能保证高质量；② 新人开课采用集体备课、互相听课学习，也能保证教学质量。

张俐老师总结自己的课程："我这次课就是机械专业案例阅读分析评估。过程中练习了分析结构，评估六个要点，尤其是推理有效性的评估。……刚开始大家还是感觉有难度的，后面渐入佳境，竟然大一就分析了四篇专业论文，还提出了专业的评估，倒是让我觉得很值得点赞。"

张妍老师评价自己班上学生："拆书会让我对同学们刮目相看，他们根据鱼骨图分析论文，不仅可以做出完整的论证结构，还能够找出隐含假设，还能用科学实践推理的标准指出文章的不足，做出可能解决方案。这样挑战电气专业权威的文章，不会因为畏惧授课老师而放弃自己的合理评估！真是太棒了！"

陈尚宾老师总结经过这轮小班教学有了沉甸甸的收获："通过本轮小班教学：① 我对批判性思维的理解更加全面深刻；② 从学生处学到真知灼见；③ 批判性思维引导了我在科研上提出问题；④ 学生的教学反馈促进我革新；⑤ 借年轻学生视角感知世界很有趣！"

（二）学生反映和考核良好

教得好，不如学生学得好！学生的一系列评价也让人欣慰。

学生甲："这门课让我对批判性思维有了更系统的认识，在思考问题和评估文章质量时有了更好的工具。建议是课堂讨论的内容应与社会议题或专业内容更相关。我的个人情况是，表达、合作、管理这些锻炼的很少，这门课小组讨论和报告的形式让我受益良多，您开课前找我来做小组长也帮助了我很多。虽然做得依然不好，但是不暴露问题不多加锻炼也不会有成长与提升。感谢这门课，感谢您！"

学生乙："初中就接触了批判性思维的概念，也知道重要，但长期都是一些碎片化的东西，这门课程重塑了我对批判性思维的认知，更系统、学术地知道了什么是批判性思维。"

学生丙："这门课给我一种脱离低级趣味的感受。懂得了辨别真伪和鉴赏，就不会在一些无用信息上浪费时间。"

董毓查看了部分学生结题作业，称赞道："很欣慰，看到人才与希望！当年我们这些人，写文章都是嚼人家嚼过的馍，文章其实都是资料汇编，报告别人怎么说，没有自己的独立评判，文章其实就写了一半。现在，学生用这样的方法，直接针对问题和现象进行分析评估，可以写出一堆自己的看法和评估了，就可以成为有独创见解的文章，这就是我们要培养的能力！我们当年没有这样的思维教育。现在这些孩子开始有了。这些学生相当地超过了我们评分 A 的水平。"他的初步评价是，多数学生达到了上述课程基本目的。

（三）教学团队的合作和进步

小班教学团队因课结缘，彼此合作也因此而生。在备课过程中，大家的专业背景得以显现。陈尚宾老师曾经推荐 *Nature Reviews Neuroscience* 上的研究亮点介绍：光抑制新陈代谢，与董毓准备的《要有黑暗》阅读分析材料密切相关。张俐老师推荐了不少机械工程学科思维训练的工具，易霖老师分享了管理科学中的具体案例，张妍老师更是拿出脑图成像设备邀请大家参与测试……

教学给任课老师带来了提高和信心，对他们的后续发展产生正面影响。本次小班任课老师全部加入华中科技大学创新教育与批判性思维人文社会科学重点研究基地团队；还以批判性思维中心的名义共同申报了学校教务处教改项目并力争省级立项。张妍、陈尚宾两位老师就神经科学研究有了更多交流和合作；陈尚宾、贺军、吴曈勃、张俐、郭闰达 5 位老师一起申报的学校"批判性思维与科研"的研究生课程建设项目已获研究生院通过。批判性思维课程团队，更是教学、科研合作的团队！

四、反思：小班教学何处去

针对小班教学的发展，2023 年 2 月初，批判性思维中心领导陈廷柱院长就提出分步推进批判性思维课程教学的看法：探索磨合期、试点示范期、全面铺开期。2023年春季，这一届小班教学在部分学院开始，无疑属于试点示范期的早期。

2023年3月7日，刘玉老师构想在3年内开成必修课，覆盖全校大一新生。课程的进行给她信心："上周我旁听了两位年轻讲师且是批判性思维新人的第一课，打消了很多顾虑，有信心在3年内组织起百名教师团队。那每年分两个学期覆盖250个大一本科班，应该就有把握了。"这是一个伟大的梦想。从小班教学推广元年的一些实际情况来看，要扩大和提升小班教学确实有些实际困难。华中科技大学一届有本科生7000多人，这次春季学期小班教学大约覆盖300人。小班教学何处去？我们需要更辩证地思考小班教学。

（一）小班教学的必要性和价值

第一次小班教学，帮助提高了我们的如下认识。

（1）批判性思维的内在特点需要开展小班教学。批判性思维需要深入思考和分析，需要在小班规模并辅以分组的教学环境中才能更好地开展。这样，教师可以更好地控制学生的参与度和讨论质量，确保每个学生都有机会发言和表达自己的观点；更好地引导学生在分析问题时进行深入探究和思考，帮助他们从多个角度考虑问题，同时也可以更好地评估学生的思维过程和逻辑推理能力。

（2）批判性思维小班教学体现了以学生为中心。小班教学能更好地与学生专业结合，在专业案例中将批判性思维学习具体化，能更好地发挥学生的主动性、创造性和想象力。

（3）批判性思维小班教学更能促进师资建设。小班教学改变了教师照本宣科的局面，需要教师转变为"提问者、教练、主持人"三位一体，更多地与学生进行互动和交流，是提高教学水平和专业发展的最佳途径，而且小班教师团队的教学、科研合作也更加扎实。

（4）小班教学也是学校宣传推广批判性思维的有效示范。小班教学可灵活胜任教学研究和改革实验，可以调动更多院系、学科和教师、学生来参与，也特别适合直接演示，广受欢迎的小班模式是适用于批判性思维教学的。

（二）小班教学的困难和挑战

批判性思维小班教学在实施过程中存在如下困难和挑战。

（1）这样的小班教学伴随着对学生参与学习、思考、讨论等方面的要求，强调自学和练习意味着改变学生的习惯，学生往往知难、知"苦"而退。不仅学生退课人数较多，预定学生自习6.5小时网上超星课程的完成度不足40%。当代学生的一些特点需要思考应对。

（2）批判性思维有利于培养创新、理性人才的作用，短时间内还不能为学生认识到，学生倾向于选择其他易拿学分、更加符合兴趣的课程或活动；也有老师和学生认为批判性思维课程结合专业不够，空在思维形式训练，甚至是培养"杠精"。

（3）小班教学可能加大教师的工作负担。教师需要针对每位学生制订个性化的教学计划，还需要花费更多的时间和精力来组织讨论和活动，无疑增加了教师的工作量。

(4) 小班教学需要较高的教育资源投入，包括师资、设施和经费。在资源有限的情况下，很多学校难以承担这种教育模式的成本。

(三) 坚持和应对

利弊权衡，往往取决于动机。董毓曾说："我们碰到的问题，有些其实有所预料，但依然需要坚持和解决。如果我们的改革容易，钱学森问题怎么会这么多年无解？"将批判性思维小班教学目标指向回答钱学森之问，必然需要进一步考虑矛盾约束下的解决方案。

(1) 明确批判性思维小班教学不是所有学生的必修课，选拔合适的学生作为精英培养是当下可行策略；此外做好与专业结合，提高学生兴趣或许可以对冲学生对难度的畏惧。

(2) 学校要在更大范围宣传和推广批判性思维的必要性和优势；课程组要结合立德树人的角度鼓励学生乐于探究、长于创新，并树立学用批判性思维而大有收获的模范人物。

(3) 提高教师素质。学校需要扩大和加强教师队伍的培训和选拔，通过定期举办教育培训活动，提高教师在批判性思维教育方面的专业素质；通过优化评价机制，激励教师投入更多的精力和热情到小班教学中。

(4) 学校和教师要认识到批判性思维小班教学是回答钱学森之问的有效途径，多方筹措资金来办好批判性思维教学这件大事。在批判性思维小班教学中更加重视质量而非数量。

综合以上三个方面，我们可以得到批判性思维小班教学正-反-正论证概要（见表1）。

表 1 批判性思维小班教学正-反-正论证概要

正面必要性	现实挑战性	调和与化解
(1) 批判性思维内在特点需要开展小班教学。	(1) 小班教学对学生提出更高的难度要求。	(1) 与专业结合提高学生兴趣来对冲难度。
(2) 批判性思维小班教学体现以学生为中心。	(2) 批判性思维当下并未获得广泛认同。	(2) 全校统筹宣传和推广批判性思维。
(3) 批判性思维小班教学更能促进师资建设。	(3) 小班教学有更高的师资建设要求。	(3) 扩大教师培训及提高教师素质。
(4) 批判性思维小班教学更能促进推广示范	(4) 小班教学成本更高难以推广	(4) 合力办好小班，提升育人质量

五、结语

"小班开课是宣言书，小班开课是宣传队，小班开课是播种机！"尽管批判性思维小班教学存在一些困难，但这并不应该成为放弃推行小班教学的理由。相反，华中科技大学应该迎难而上，通过积极应对挑战，来推进批判性思维小班教学。学校、批判性思维研究中心、课程组更好地优化批判性思维课程计划，投入更多资源和力量，解决学生的困难和需求，就一定能化难为易，培育更多领军人才！

参考文献

[1] 董毓，刘玉. 将批判性思维引入国际化课程，培养创新型工程师 [J]. 高等工程教育研究，2013（2）：176-180.

[2] 陈尚宾，刘玉. 批判性思维教师"云"培训实践探索——华中科技大学"批判性思维教学能力培训"纪实 [J]. 批判性思维与创新教育通讯，2023（2）：8-13.

[3] 张锐. 第十届全国高校批判性思维和创新教育研讨会在武汉召开 [N]. 光明日报，2023-07-12.

Overcoming Difficulties to Promote—Small Class Teaching of Critical Thinking at Huazhong University of Science and Technology

Chen Shangbin

Abstract：Critical thinking is an important key to nurturing rational and innovative talents. It is widely recognized that small class teaching is more suitable for promoting critical thinking. Following the teacher training program during the winter vacation of 2022，Huazhong University of Science and Technology has introduced an elective course on critical thinking as small class teaching in the spring semester of 2023. The semester has been successfully completed with praises from the university and students regarding the course goals，teaching methods，and teacher allocation. However，difficulties remain in further-adoption of the small class teaching，student enrollment and attendance rate，and the implementation of course objectives. In this paper，we the teachers analyze the necessity，challenges，and feasibility of small class teaching. Faced with the difficulties，we aruge in a pros and cons fashion that school，teachers and students should work together to solve the problemsand carry on the teaching model.

Keywords：critical thinking；small class teaching；pros and cons argumentation；Qian Xuesen's Question

批判性思维需要写作欲望的驱动

曹 林

【摘 要】 传统的批判性思维教育，注重"思维方法"的训练，将他者的写作文本当成分析对象和"思维锚点"。批判性思维需要写作欲望的驱动，写作过程是思维固化成形的过程，进入写作状态，思维才会完全伸展开来。批判性思维是用"手"去思考的，而不只是用"脑"。本文认为，一种思维没有语词体现，则不过是一个影子。句子的形式不足以讲出思辨的真理，批判性思维的训练须从"章句之学"飞跃到写作层面的"文章之学"，在"寻找复杂并使之有序"的逻辑构序中对思维进行规整，并在写作中进行知识检索与表意扩展。

【关键词】 批判性思维；表意空间；写作

说到批判性思维，很多人常常只是将其当成一种"思维"，也就是"思考的方法与技艺"，以文本阐释主导思维训练：面对一个文本，去核查它的来源、分析它的论据、解构它的框架、质疑它的前提、研究它的论证、讨论它的修辞等等。在这个质疑和分析的过程中训练批判性思考能力。实际上，文本阐释式思维训练，只是批判性思维的一部分，常被忽略的重要一面是"写作"。思维离不开写作，写作过程是思维固化成形的过程，进入写作状态，思维才会完全伸展开来，批判性思维是用"手"去思考的，而不只是用"脑"。

传统的批判性思维教育，注重"思维方法"的训练，将他者的写作文本当成分析对象和"思维锚点"。实际上，我们训练思维，主要不是去分析别人的文本，而是要提升自己的写作和表达能力，别人的文本只是训练自身写作的一种中介。可以将批判性思维的训练分成三个阶段：输入－思考－输出。过去的教育主要集中于中间的"思维"，而对于"输入"这个前思维阶段，往往以"多读点书"一笔带过，也仅仅是把"写作"当成水到渠成的后思维阶段。离开了对"阅读"和"写作"的知识管辖，不介入前端的阅读积累，不最终落笔于写作，批判性思维训练就显得很空泛。

批判性思维训练当然离不开阅读，这是起点，这几年我写了《没读百本经典，不要奢谈批判性思维》《反思"精彩"，忍受枯燥是一种筛选机制》《读书是一件绕远路的事》《"根系阅读"才能支撑一个人的写作》《习惯没有金句和答案的读书》《警惕可视化，别让短视频废了可思化》等文章，推动形成一种滋养批判性思维的读书方法。读书是一端，写

[作者简介] 曹林，男，华中科技大学新闻与信息传播学院，著有《时评十六讲》《时评中国》系列写作丛书，北京大学、中国人民大学新闻学院评论写作课教师。

作是关键的另外一端,批判性思维需要写作欲望的驱动。训练批判性思维,没有比"把它写出来"更好的方法了。思考就是谋求秩序,观点在文字中成形,写作的线性形式是批判性思维最好的构序、呈现、检验方式。不进入长文字的写作层次,批判性思维就只是一种死知识、僵硬教条。

一、一种思维没有语词体现,则不过是一个影子

思维是无形的,一种无形的事物,如何去评判和检验它的清晰性?必须写出来,归宿于有形的语言和文字。哲学家怀特海在《思维方式》中提出了一个重要的命题:到底是先有理解、还是先有表达。是我们先理解了一个事物,然后将它表达出来,还是先表达出来,然后才真正理解?怀特海认为是后者,先有表达后有理解。[1] 道理是在表达中获得其确定的形式,清晰的文字让思考变得清晰。

这也符合我们的日常认知,我们常常觉得"对一个问题想清楚了",但到了表达的层面,想跟别人解释时,才发现并不是那么清楚,无法用清晰的语言将想法表达出来。无法表达的"想清楚了",可能只是一种思维错觉,一种思维上的自欺与糊弄。自以为想清楚了,差不多是那个意思,并没有一种"他者批判性视角"的检验,自以为是。表达和写作,不只是固化为文字,更重要的是,这种形成文字的过程,就是一个接受形式逻辑和他者目光检验的过程。重要的不是"想清楚"和"表达清楚",而是能不能在清晰的表达中"让别人理解清楚"。

所以米尔斯在《社会学的想象力》中强调了"展示的语境":如果你写东西只想着汉斯·赖兴巴赫(Hans Reichenbach)所称的"发现的语境"(context of discovery),能理解你的人就会寥寥无几;不仅如此,你的陈述往往还会非常主观。要想让你思考的东西更加客观,你就必须在展示的语境(context of presentation)里工作。[2] 首先,你把自己的想法"展示"给自己,这往往被叫作"想清楚"。然后,当你觉得自己已经理顺了,就把它展示给别人,并往往会发现,你并没有搞清楚。这时你就处在"展示的语境"中。有时候,你会注意到,当你努力展示自己的想法时,会有所调整,不仅是调整其陈述形式,而且往往还调整其内容。

写作,就是一种"展示"的过程,展示预设着一个他者凝视的目光,这个他者是一种"魔鬼角色",他会用形式逻辑、事实要求、伦理规范、语法原理对你写的每一个字进行考量。批判性思维,离不开这样一个批判性的他者。批判性思维,不是把矛头指向某种外在的文本对象,而需要一种反身的力量,在自己的心智面前树起一面镜子,监控着自己的思维过程。批判性思维,不是"质疑别人",而是以别人的目光质疑自己,这是一种如符号互动论者所称的"我看人看我"的思维过程:我通过"看别人如何看我",使自己保持着一种客观、理性、公正的思维。批判性思维,不仅要将他者对象化,也要将对象化眼光本身予以对象化。视觉的反身性乃是一种在我与他的关系中的反观性。

"写出来"意味着什么?不是给自己看,而是给别人看,写出来的过程,跟他人对话,批判性思维就自然启动了:这么写,符合形式逻辑吗?论据能否经得起别人的诘问?来源的权威性能否得到别人的认同?这种表述是不是合宜?能不能得出相反的结论?

新闻专业存在的正当性受到了质疑，很多人劝孩子"最好别报新闻专业"，我脑子里有一个想法，是为新闻专业辩护的，大致想法是：不要唱衰新闻专业，没有一个单位可以离得开新闻专业毕业生。大致意思是，在这个深度新闻化、媒介化的社会，每个单位都需要跟媒体、新闻和舆论打交道，都需要新闻呈现，所以离不开新闻专业毕业生。当我产生这个想法时，我觉得很独到合理。但落笔去写的时候，很快就意识到了问题，如果按这种逻辑的话，会受到法律专业的反问：在法治社会，难道哪个单位可以离得开法律专业毕业生？医学专业反问：难道哪个单位可以离得开医学专业毕业生？他者目光驱动的批判性思考，让我看到了想法的局限。

我在讲写作课的时候，会讲到"检验思考清晰性"的方法。检验自己对一个问题是否想清楚了，有四个步骤：其一，能不能用一句话将自己的想法概括出来？其二，能不能将刚才的概括换一种表述？其三，能不能就这个想法举一个案例？其四，能不能多举几个案例，特别是有没有一个反例？这个检验过程，其实就是用写作思维去驱动批判性思维，让想法在写作思维中接受他者的检验，这代表着读者的视角：你能不能用一句话概括，能不能换一个表述，能不能举一个例子。

很多人的思维混乱，是因为他们的思维都处在"潜意识水平"，没有将思考的细节提升到写作层面，没有经受批判性审视，批判性思维根本没有启动。

二、句子的形式不足以讲出思辨的真理

很多批判性思维的训练往往是以"句子"作为分析对象，从形式上研究其三段论的规范性，而不是完整地在一篇文章或整个语境中去分析。这实际上背离了我们日常思考的有机整体性，人们一般都是以思考一件事为单位，而不是以句子。正是要把一件事想清楚，将其中复杂的纠葛和冲突的事实梳理清楚，理出一根线头，才需要运用批判性思维。也就是说，批判性思维是在"意义格式塔"中完成的，它需要关注意义的整体性和结构性，从结构化的整体系统观出发，关注诸种因素在"整件事"结构中的功能与关联，而不是对部分句子、个别元素的思辨把玩。

举个例子，中国科学院的一份文件引发舆论群嘲：根据《国务院办公厅秘书局关于印发国务院机构简称的通知》（国办秘函〔2023〕18号），国务院办公厅秘书局对我院简称作了修订，修订后简称为中国科学院。请各单位、各部门知悉，并在工作中使用。按照通知要求，我院全称和简称均为"中国科学院"，在今后的网站和新媒体内容发布时，请大家统一使用"中国科学院"。——中国科学院发文称中国科学院全称和简称均为"中国科学院"，网民觉得这种文件毫无意义，只有置于语境中思考才会看到其意义：很多人将中国科学院简称为中科院，带来了称呼的混乱，所以发文强调全称和简称。

沉浸到一个事件或话题中的写作，才能让思考上升到整体的、系统的结构层次，思考在文本生成过程中不断丰富，文本生产过程就是思维驱动和呈现过程。

黑格尔说过，句子的形式不足以讲出思辨的真理。[3] 为什么呢？因为真理是整体的，道理是语境中的道理，语境赋予了道理以真理性。我们的思考，往往并不是孤立地分析某个作为命题的句子，而是在与他者就某个话题进行讨论时，不断生成句子，一个句子依赖

另一个句子,又生成另一个句子,句子无法抽离整个对话场景。所以伽达默尔也强调,命题的意义是相对于它是其回答的问题而产生的,命题的意义必然超出它本身所陈述的东西。他写道:"如果想把握陈述的真理,那么没有一种陈述仅从其揭示的内容出发就可得到把握。任何陈述都受动机推动。每一个陈述都有其未曾说出的前提。唯有同时考虑到这种前提的人,才能真正衡量某个陈述的真理性。因此我断定,所有陈述的动机的最后逻辑形式就是问题。在逻辑中占据优先地位的并不是判断,而是问题。"

有机的思考必须进入写作层次,驱动写作的"问题意识",环环相扣的"为什么""何以如此""此话怎讲",才包含着深刻的批判性思考。批判性思维是公共性、交往性、社会性、对话性的,而不是孤立的、碎片的、个人的、封闭的,它总在某个"问题化"的事件语境中去思考,有在对话中激活思维的有机性。

这也是为什么我特别反感一些营销号推送的"某某媒体高级词汇替换",将所谓权威媒体的评论文字进行拆解,生吞活剥,总结出一些"高级词汇",让写作者去模仿,什么将"满意"替换为"欣喜于","不满"替换为"困惑于","缺乏"替换为"匮乏","巩固了"替换为"写下生动注脚"。这种舍本逐末的文字肢解式技巧,毁了学生的表达,让学生们厌恶写作。很多学生对议论文的厌恶,就是从这种"套用别人的高级词汇"开始的,不是自然舒服地说自己的话,不是在写作中用思维生成文字,而是套别人的"大词"才显得"高大上",窒息了学生的观点表达欲望。

生吞活剥的"高级词汇",更讲不出思辨的真理,话语是在有机写作中生成的,在读书中积累的,在思想中涵养的,而不是找几个"高大上"的词"现成替换"的。再好的语言,也经不住这么"替换",所谓"高级词汇",很容易就成套话空话了。有些中学生的作文八股泛滥,语言腐败,就是不少这种所谓"写作技巧"带来的。今年高考某地所谓高分作文,看看这些不知所云的"高级词汇":以共生团结之水,浇命运共同之花;长河霜冷,时空阒寂,历史的泽畔,护康衢烟月,不染风尘。世间万物共生,是谓灌多元之泉。存千般锦绣,手掬河汉万顷,"世博会"琳琅满目的商品牵动着各国的脉搏,中国高铁亦走出国门洒向万水千山。你知道他在说什么吗?思维根本没有启动,启动的只是死记硬背的词汇。

满纸"替换式高级词汇",语言整容化、替换化、造作化,缺乏清新自然之气,就是深受这种套作文风之害。如何学习媒体的时评文章?鸡蛋好吃,不是把鸡蛋打碎去研究它,而要研究下蛋的鸡是如何积蓄营养的。学习评论员的写作和积累方法,在勤奋写作中训练批判性思维,而不是把他们的文章进行肢解,大卸八块,卸成"高级词汇",让学生去套作填空。

三、写作的逻辑思维:寻找复杂并使之有序

写作,意味着一种清晰的秩序。有学者说,写作难在哪里呢?就是将网状的思考,用树状的结构,体现在线性展开的语句中。而这种网状—树状—线性展开的过程,就是批判性思维的过程。批判性思维,就是在驾驭庞杂的材料中形成一个清晰的判断,形成有条理、主见的输出。

激发我们写作的冲动的，往往是涌自一种内心的混乱，它需要秩序和意义，也只有驱动批判性思考，才能驾驭住这种混乱，形成那种秩序和意义。需要"调用"批判性思维的情境，往往都不是那么简单，一般都纠缠着某些复杂的冲突，剪不断，理还乱。比如"中国矿大起诉吴幽"这一事件，就包含着较多的冲突：一个肄业的传奇学生，创业挖到了一桶金，母校110周年时慷慨捐赠1100万元，成为当时中国矿大收到的最大单笔捐赠。凭借这千万级捐赠，吴幽也上了公益榜成为公众人物。本来可以激励无数毕业生的多赢"佳话"，却因为吴幽这几年企业遇到困难无法履行承诺，而陷入多输的尴尬。母校将"诺而不捐"的学生告上法庭，双方不仅对簿公堂，更对簿舆论场，互相谴责对方不仁不义。

这件事就纠缠着很多冲突，比如，情与法的冲突，按法律规定，吴幽肯定是要履行捐款承诺的，但这里有太多让人不忍的"情"：其一，他是学校的肄业生，与母校的情感；其二，疫情这几年经济下行，企业遇到困境，人们同情吴幽的处境；其三，毕竟是主动捐款，而不是普遍的"欠债"。我们在思考这个事件时，脑子里会缠绕着很多互相冲突的想法、情、理、法。批判性思维的过程，就是一个"克服非线性的模糊缠绕，理出一个线头"的过程，在复杂中找到秩序。

写作"树状结构和线性语句"的秩序呈现，就是一个用批判性思维梳理、思辨、条理化的过程，克服"既要又要也要还要"的肤浅全面，将网状的想法梳理清楚，有着"千言万语一言以蔽之"的秩序清晰性。文字的逻辑是线性的，它会倒逼我们的思维去符合这种线性秩序的审视。

我后来写的评论，题目叫《不通过法律，矿大与吴幽会撕得更难看》，观点是，中国矿大起诉吴幽，是救自己的学生。师生情谊的纠缠，母校和捐赠的道义矛盾，这种事只能越缠越麻烦，走向不可调和、无法修复的破裂，而起诉，恰恰是寄望通过法律这种理性的框架去解决问题，避免情感的非理性缠绕撕扯。无讼厌讼传统下，人们习惯于把"告上法庭"当成某种"闹僵了""撕破脸"，理性地看，这事如果继续置于情感框架中去协商，脸可能撕得更破更难看。这样，起码形成了一种隔离，双方都向中立的法官陈述主张，避免针锋相对、斯文扫尽的骂战。——通过线性的逻辑，将纠缠在一起的情、理、法批判性地规整到"法理"之下，使之有序，形成一种意义秩序。

有人说，一个伟大的小说家、戏剧家或诗人，就是一个将许多广泛的人生经验完美地综合起来使它们有一种秩序的人。写作的过程就是构序，每一种文体都是用某种方式建构一种秩序。戈德曼也说，作品，就是一个有意义的结构。输出，诉诸文字和逻辑，这种线性呈现的力量，驱动着批判性思维去对相互冲突的概念、想法、观念进行规整。形成有逻辑的文本，你得有一个飞跃性概括，你得符合形式逻辑，你得有一个不同的角度。逻辑和语法的规则凝视，对液态流动的想法形成限制，形成公共可通约的固态文本。

四、写作中的知识检索与表意扩展

一个人读了很多书，自以为有很多积累可供厚积薄发，却很可能是一个口笨手拙的人，说不出来，写得不好，满肚子的知识倒不出来，原因是什么呢？关键就在于，缺乏写作的训练，知识和思想没有成为有机思维的一部分。

这里涉及一个重要问题：读书和知识是如何内化到一个人思想中的？很多人觉得是靠"储存记忆"，像硬盘储存信息一样，读了什么东西，当时有感慨，记到笔记里，形成某种印象，就储存到记忆中去了，使用时再去"调用"。实际上，到了高等教育阶段，知识的内化已经不是死记硬背、直肠式硬盘式的"储存记忆"，而是靠有机的"网格化检索"。什么叫网格化检索？就是读书过程中对知识进行积极的处理，通过分类、重组、对话、标签、批判式思考，使其进入你的知识网络。这个知识网络不是一个个分散的"知识点"，而是互相联系、彼此嵌合、触类旁通的知识形成的网，书越读越多，这张网会越来越大，形成井然有序的"分类框架"。当你读一本新书时，这张网会将新知"网"入其中。脑子里的这种知识网格，就像长到你身体里的图书馆，平时退隐入背景形成"缄默知识"，用时可随时分类检索，形成信手拈来的联想和提示效果。读书的过程就绕远路"结网"，让这个网足够大，才能网住新知，避免水土流失读了白读。

要让别人的思想真正固化为自己信手拈来的个人知识，进入默会的心智结构，有关键性一跃，即要动笔去写，在写作中应用，把记忆和记录中储存的"死知识"，变成与日常、当下舆论场中的现象、问题、热点关联思考的"活思想"。写作，就是一个"激活背景知识的过程"，把一个人的深厚的底蕴和丰富的学识都调动起来。在这个过程中，读书与写作互相激发、成就和巩固，边读边想产生思想火花，为写作提供了思想资源，激活了对现象的深入观察，写作在应用客观知识中创建了个人知识。这是一个让一个勤劳的读书写作者变得越来越厚重的良性循环过程。读书，不是记忆的过程，要通过写作去记忆。写作，不是一个"掏空"自己知识储备的过程，而是激活记忆之网的过程，推陈出新，知识因此活络为一个人的思想，就不可能忘记了。

道理是在语言中获得其确定形式的。同样，记忆也是如此，作为模糊形态的记忆，是在写作实践中获得其确定形式的。我还记得 2002 年刚开始写新闻评论的时候，首先是因为在大学期间读了不少书，知识积淀让自己有了表达冲击，那些思想火花点燃了对社会问题的思考，身体里涌动着一种表达欲。当时读了语言哲学家维特根斯坦的一些书，朦胧地知道了他的一些观点。比如他认为以往的哲学都是误解了语言的本性，提出了一些根本就不存在的问题，思想混乱不堪，哲学的目的就是让人聪明，理清头绪看到混乱后的本质。这段论述中有一段妙语，我当时就记下来了。他说：一个人陷入哲学混乱，就像一个在房间里想要出去又不知道怎么办的人，他试着想从窗子出去，但窗子太高；他试着想从烟囱出去，但烟囱太窄；其实只要他一转身，就会看见房门一直是开着的。

记下来，"养"在我的读书笔记中，如果不用，当时再兴奋、记得再牢，也会忘记的。很快就"等"到了用的机会，几天后有一条新闻说，某地酝酿一项针对车辆管理的制度，即"尾号无 4"，避开 4 这个很多人忌讳的数字。此举引发争议，有人说这是在迎合不健康的数字迷信心理，等等。在题为《"尾号无 4"的帕累托改进意义》的评论中，我借鉴了维特根斯坦的思想，批评了那种刻舟求剑式的僵化思维。因为在评论中灵活地运用阅读中积累的思想资源，刚出道时写的这篇评论，后来得到了很多评论名家的赞赏，大大增强了我作为评论新人的信心。这个写作应用过程，就让相关知识和思想固化到知识结构中，不再发生"流失"。

对"专业权威的争夺"这个话题感兴趣，读了吉尔因的边界理论，芭比·翟里泽的阐释社群理论，应用到对当下新媒体与传统媒体在专业权威问题上的边界冲突分析中，写了几篇评论和论文，相关思想就进入到我的记忆之网了。写作，是一个调动自己各种思想感官的劳动过程，光读光想，调动起来的感官很有限，所以很容易流失，写作才是"身体思想资源"的全面调动。当然，这个应用的过程不能是"两张皮"，要有贴合的思考，读书、思考与写作的自然嵌合，而不是卖弄学问式的"掉书袋"。

老舍先生说，他有得写，没得写，每天至少要写五百字。写作让知识成为自己的思想资产。如果说思想和知识是一种财产，那么，洛克的洞见是，财产权来源于劳动，劳动这种行为使物品本身附着了某种排除他人共有权的东西，物品的自然形态被改变，劳动产生了私人占有。实际上，写作即是一种在思想中"固化"某种资源的劳动过程。阅读，读的还是别人的东西，记下来，仍然是别人的东西，一段时间后，还会"还"给别人，还给老师，也就是"忘了"。你在写作中去灵活应用，与现实问题结合起来去思考，把书上的知识和别人的思想用自己的语言表达出来，注入自己的思考，这才使记忆完成关键一跃而有了自己的劳动，驯化成了自己的思想。

参考文献

［1］汪丁丁. 社会过程及其评价［C］//北京天则经济研究所，广东省人文学会."市场化三十年"论坛论文汇编（第三辑），2008.

［2］C. 赖特·米尔斯. 社会学的想象力［M］. 陈强，张永强，译. 北京：生活·读书·新知三联书店，2001.

［3］洪汉鼎. 诠释学与修辞学［J］. 山东大学学报（哲学社会科学版），2003（4）：11-17.

Critical Thinking Needs to be Driven by Writing Desire

Cao Lin

Abstract：The traditional critical thinking education focuses on the training of "thinking methods", and takes the other's writing text as the analysis object and "thinking anchor". Critical thinking needs to be driven by the desire to write. The writing process is the process of solidification and formation of thinking. When entering the writing state, thinking will be fully extended. Critical thinking is to think with "hands", not just "brains". This article argues that a kind of thinking is not reflected in words, but rather a shadow. The form of sentences is not enough to speak the truth of speculation. The training of critical thinking must leap from "the study of chapters and sentences" to "the study of articles" at the writing level, regulate thinking in the logical structure of "looking for complexity and making it orderly", and conduct knowledge retrieval and ideographic expansion in writing.

Keywords：critical thinking；speculative ideographic space；writing

以问题激发问题，以开放引领思维

——提升学生批判性思维的高中生物教学实践探索

代俊萍　　任雪洁　　何耀华

【摘　要】　随着时代发展，各学科的教学目标由知识传授转变为以知识为载体培育学科核心素养。高中生物课程的学科核心素养包括生命观念、科学探究、科学思维和社会责任。其中，科学思维包含的批判性思维、创新思维等高阶思维的培养是高中生物教学的重点和难点。本文聚焦高中生物学科与批判性思维教学有关的实践探索，展示开放式论题、科学史教学、"自我评价"式试卷讲评等具体做法，以促进开放、灵活与深度的思考。

【关键词】　高中生物教学改革；批判性思维；假说-演绎推理

对于一线教师来说，一个多年的困惑是，生物学科究竟应该教什么，才能对学生的终身发展产生重要价值？生物学作为一门尚在发展进化过程中的学科，其知识、技术更新迅速，其教学仅着力于知识和技能的传递还远远不够，那么，教学改革的关键是什么呢？高中生物课程改革指出，生物教学的目标是培养学生的生物学核心素养，包括生命观念、科学探究、科学思维和社会责任。[1] 其中，科学思维包括批判性思维、创新思维等。批判性思维，本质上是对自己或别人的观点进行反思、探究、分析和评估，进而指导我们的信念和行为的思维过程。[2] 我们认为，将高中生物教学与批判性思维结合起来，能有效达到培育核心素养的目标。我们在多年的高中生物学教学中对这样的结合进行了一系列探索和实践，并获得良好效果，以下从几个方面进行展示。

一、用开放式论题发展批判性思维

生物学科作为发展中的学科，尤其在技术与安全、伦理方面经常存在争议，而且相关课程标准在对能力要求的表述中，也强调学生要"关注对科学、技术和社会发展有重大影响的、与生命科学相关的突出成就及热点问题"。我们在课堂上和学生讨论了2018年轰动

[作者简介]　代俊萍，女，北京市第十九中学，主要从事高中生物教学与批判性思维教育研究；任雪洁，女，北京市第十九中学，主要从事高中生物教学与批判性思维教育研究；何耀华，女，北京市第十九中学，主要从事高中生物教学与批判性思维教育研究。

世界的基因编辑婴儿事件：我国科学家贺建奎利用基因编辑技术，对一对双胞胎的胚胎细胞中艾滋病病毒的识别位点进行改造，从而使这对双胞胎终身免疫艾滋病。

针对该事件，介绍基因编辑技术，提出论题：

试分析基因编辑婴儿的利与弊，并权衡得出结论：我们是否应该支持基因编辑婴儿？

学生观点一边倒，全部是支持基因编辑婴儿的。理由是它帮助孩子终身免疫艾滋病，可以作为艾滋病治疗的一种新途径。

教师进一步引导：这项技术有没有什么潜在的危险呢？

学生思考后做出各种猜测：① 拿人做实验，是不是不被允许的？② 这项技术成熟吗？操作中有没有可能破坏了其他基因？③ 这个改变会不会使他们的身体发生多米诺骨牌效应？④ 如果出生后发现他们有其他缺陷怎么办？学生的思维被完全调动起来，我提出新的思考：⑤ 如果这种技术已经很成熟，是不是可以定制婴儿？现在是定制预防某种疾病的婴儿，那之后呢，能不能定制完美的孩子？如果可以定制，对于自然出生的孩子，是不是公平？如果人人都定制成爱因斯坦，世界会怎么样？所以这又涉及社会、伦理问题，但这个高度一般孩子还想不到。还有：⑥ 他们俩的基因会不会随着他们将来婚配，造成人群中的基因污染？这样的讨论过后，学生就要形成权衡的意识：支持还是反对基因编辑婴儿要权衡是利大于弊，还是弊大于利。这个时候，有学生提问：如果不用这项技术，有没有其他方法可以避免他们感染艾滋病？有学生想到疫苗，有同学联系课本上的例子提出只改造这个孩子的 T 淋巴细胞的表面受体结构，可以避免艾滋病病毒侵染，还不会造成基因污染。我们在肯定他们的想法的同时，又提出新问题：如果被传染了艾滋病，如何治疗？提出你的设想。课后作业：查阅关于艾滋病疫苗的研究进展。

这样的议题，本身没有明确的标准答案，但在讨论过程中能很好地打开学生的思路，训练学生的批判性思维。

高中课本中有很多这样的议题，如转基因食品是否安全？如何正确看待克隆技术和克隆人？我们是否应该开展生物武器研究……教师可以组织学生查阅资料，以辩论赛、小作文等形式开展讨论，引发学生的开放、理性思考，提升学生的批判性思维水平。

如果说开放性论题提升了学生的批判性思维习性，那么课堂教学更多的是如何发展学生的批判性思维技能。批判性思维技能，包括分析、评价、推断、演绎、归纳等基本思维技能，也包括深入的提问技能、提出和评价假设技能、收集信息技能、评价信息来源可信性技能、交流与合作技能等。[3]

二、利用科学史教学发展批判性思维

高中生物教材中有很多关于科学史的内容，对它们的教学承载的任务之一是形成科学方法，培养科学思维。以往我们的教学更多的是带领学生分析科学家的实验，即通过讲授的方式传递科学方法和思维，但实践证明，学生思维品质的形成，靠灌输效果实在不好，科学思维的提升需要学生自己实践领悟、总结提炼,所以我们尝试转变教学方式,让学生在实践探究的过程中自己形成科学方法,提升思维水平。

比如高中生物课遗传与进化单元中,摩尔根的果蝇杂交实验[4](实验现象图示见图1)就是典型的采用假说-演绎推理形式的科学探究过程,它通过实验得出结论,是很好地提升学生思维能力的载体。课本对整个推理过程不够详尽,但为学生提供了丰富的思考空间。以下是以批判性思维的科学推理原理为指导进行的重新设计。

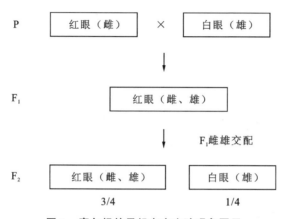

图1 摩尔根的果蝇杂交实验现象图示

首先,呈现摩尔根的实验,基于实验现象提问:

为什么F2中白眼全为雄性?如何解释?

这个问题一抛出,很多孩子会脱口而出,控制白眼的基因在Y染色体上(假设1)。当然,这个假设的推翻也很简单,几乎不用老师点拨,学生就会产生争议:如果控制白眼的基因在Y染色体上,如何解释F1雌雄都是红眼?所以,假设1非常轻松地被推翻了。

接下来,提出第二个问题:

控制红眼/白眼的基因还可能在哪里?如何验证你的猜测?

学生容易由"不在Y染色体,那只能在X染色体"的逻辑推理而提出假设2:控制红眼/白眼的基因在X染色体上。该假设是否正确?通过使用这一假设去解释摩尔根的实验现象,画遗传图解(见图2)即可发现,按这个假设推理,结果可以成立,F2确实表现出白眼全部为雄性。因而,有学生得出结论:控制红眼/白眼的基因在X染色体上。

接下来考查第三个问题:

该假设可以解释摩尔根的果蝇杂交实验现象,是否说明该假设一定成立?如果控制红眼/白眼的基因存在于X和Y染色体的同源区段(假设3),会出现怎样的实验结果?

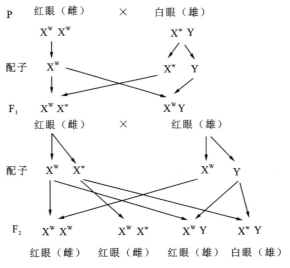

图 2　摩尔根果蝇杂交实验的解释性假设 2

学生画遗传图解（如图 3 所示）发现，Y 染色体上有一个隐性基因 w 和 Y 染色体上没有相应基因，实验结果是一样的，也就是说，这两种假设都可以解释摩尔根的果蝇杂交实验结果。这个时候学生就会理解到：判断一种假说是否正确，仅能解释已有的实验现象是不够的，一个正确的假设，除了能解释已有的实验现象，还应运用假说-演绎法，预测另外设计的实验结果，再通过实验来检验。

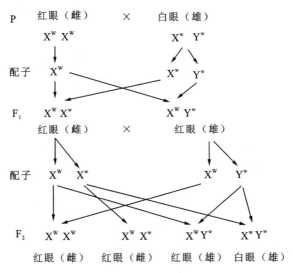

图 3　摩尔根果蝇杂交实验的解释性假设 3

接下来进入问题 4：

　　如何验证这两种假设哪个为真？

学生分组讨论发现，两种假设的分歧在于 Y 染色体上是否存在控制眼色的基因？因而需进一步思考，Y 染色体上有无控制眼色的基因怎么能通过实验反映出来？由前面的分析可以看出，Y染色体上没有控制眼色的基因与Y染色体上存在隐性眼色基因会表现出一样的现象，所以，要让两种假设表现出不同的杂交结果，除非Y染色体上有且有显性的眼色基因。所以，我们选择红眼雄果蝇与白眼雌果蝇杂交，利用遗传图解的形式表示预期结果。接下来的必要环节是做实验，以实验结果进行检验：如果F1中雄性为红眼，说明假设3成立；如果F1中雄性为白眼，说明假设2成立。

回顾整个探究环节，学生亲历了假说-演绎的科学推理过程，对这个科学方法的理解程度是传统讲授无法比拟的。

《普通高中教科书 生物学 选择性必修1 稳态与调节》[5]"植物生长素"一节中关于生长素的发现过程，也是典型的培养学生假说-演绎科学方法的课程内容，有了摩尔根果蝇杂交实验的分析经验，我们在这节课尝试让学生自己实践假说演绎的整个流程，在实践探究的过程中自己领悟科学方法，提升思维水平。

下面展示具体细节。

首先，为学生呈现向光性现象。

其次，提出探究性问题：胚芽鞘感受单侧光刺激的部位在哪里？

接下来，由学生合作完成探究实验设计。表1是学生完成的探究实验设计。

表1 探究实验设计：胚芽鞘感受单侧光刺激的部位在哪里？

做出假设	演绎推理	实验验证	实验结论
假设胚芽鞘感光部位在尖端	如果假设正确，则：①去掉尖端，胚芽鞘感受不到单测光刺激，不会出现向光弯曲生长；②保留尖端但不让其见光，也不会出现向光弯曲生长	光→ 遮住尖端　　光→ 去掉尖端	

该设计清晰反映出学生对假说-演绎法的理解，尤其是实验验证的设计，说明学生能够真正理解假设-演绎推理的科学探究原理，即判断一种设想或假说是否正确，仅能解释已有的实验现象是不够的，还应运用假说-演绎法，预测另外设计的实验结果，再通过实验来检验。

三、通过"自我评价"式试卷讲评发展学生的批判性思维

生物学科作为一门实验科学，教学中教师对于实验探究都相当重视。有学者指出，科学思维的培养应该引导学生运用推理、归因、评价、论证等思辨形式对生命现象进行分析、讨论，尤其是让学生将其思辨过程外显出来，以思维链或逻辑链的形式进行展示与交流，这种训练非常有利于学生高阶思维能力的培养。[6] 在高三试卷讲评课中，我们尝试采用"自我评价"式试卷讲评模式[7]，让学生梳理自己的思维过程，以思维链或逻辑链的形式展示思维过程，进而反思思维路径，提升思维水平。以下案例展示这样的教学过程。

案例 1①：斑马鱼的酶 D 由 17 号染色体上的 D 基因编码。具有纯合突变基因（dd）的斑马鱼胚胎会发出红色荧光。利用转基因技术将绿色荧光蛋白（G）基因整合到斑马鱼 17 号染色体上，带有 G 基因的胚胎能够发出绿色荧光。未整合 G 基因的染色体的对应位点表示为 g。用个体 M 和 N 进行如图 4 所示的杂交实验。

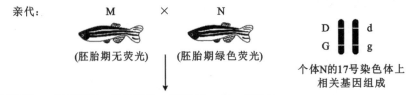

图 4　斑马鱼 M 和 N 杂交实验图示

问：亲代 M 的基因型是_____；子代中只发出绿色荧光的胚胎基因型包括_____。

杂交后，出现红·绿荧光（既有红色荧光又有绿色荧光）胚胎的原因是亲代_____（填"M"或"N"）的初级精（卵）母细胞在减数分裂过程中，同源染色体的_____发生了交换，导致染色体上的基因重组。通过记录子代中红·绿荧光胚胎数量与胚胎总数，可计算得到该亲本产生的重组配子占其全部配子的比例，算式为_____。

首先，以逻辑链的形式书写推导过程。下面是一位学生的完成情况。

① 由 M 的表现型为无荧光推出 M 的基因型为 D_gg。
② 由子代出现红色个体（dd）推出 M 的基因型为 Ddgg。
③ 由子代出现红·绿荧光胚胎（基因型为 ddG_）推出必然有一方产生 dG 的配子，而 M 无 G 基因，所以推出 N 产生的 dG 配子。
④ 画出 M 与 N 杂交的遗传图解（修改前）（见图 5）。

	¼DG	¼Dg	¼dG	¼dg
½Dg				
½dg			⅛ddGg 红绿荧光	

DdgG×DdGg 位于表格上方

图 5　M 与 N 杂交的遗传图解（修改前）

通过学生展示的逻辑链，老师很快就发现了学生的思维误区：DdGg 要产生四种等比例配子的条件是 D/d 与 G/g 两对基因位于两对染色体上，而题目信息是两对基因位于一对染色体上。所以学生的问题可归结为两点：① 对自由组合定律成立条件的理解不到位；② 获取、处理信息的能力欠缺。

---

① 注：该案例源自 2013 年普通高等学校招生全国统一考试理科综合能力测试（北京卷）第 30 题。

和学生交流分析之后,其对自己的逻辑链进行了修正补充。

① 由题目信息可知,D/d 与 G/g 两对基因位于一对染色体上,所以不符合自由组合定律。

② 由子代出现红·绿荧光胚胎(基因型为 ddG_)推出 N 产生 dG 的配子,说明 N 产生配子过程中发生了交叉互换,和 dG 同时产生的重组配子为 Dg,这两种配子的概率相等。设 dG 配子的概率为 x。

③ 画出 M 与 N 杂交的遗传图解(修改后)(见图 6)。

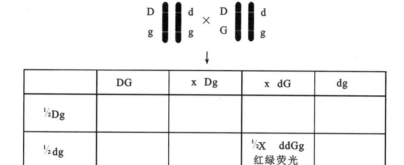

图 6 M 与 N 杂交的遗传图解(修改后)

④ x＝2(红绿荧光胚胎数/胚胎总数),重组配子包括 dG 和 Dg,概率为 2x＝4(红绿荧光胚胎数/胚胎总数)。

我们知道,多数人的思维方式都是潜意识的,当思维在潜意识中运作时,在不清楚自己思维过程的情况下是不可能改变思维的。而"自我评价"式试卷讲评方式让思维外显化、清晰化,学生和老师都直视到思维过程中,就很容易发现思维漏洞和误区,进而修正补充。高三的实践证实,采用这种方式能很精准快捷地发现学生的思维漏洞,有效提升了学生的高阶思维能力。

四、小结

可见,结合课程培养批判性思维,对学生理解生命观念、学习科学探究和科学思维、领悟社会责任都有促进作用,但也有赖于教师自身对批判性思维原理和方法的理解掌握,并将其灵活、恰当地应用在教学改革实践中,才能较好地承担培养具有科学思维与创造力的人才的使命。

参考文献

[1] 中华人民共和国教育部. 普通高中生物学课程标准(2017 年版 2020 年修订)[M]. 北京:人民教育出版社,2020.

[2] 董毓. 批判性思维原理和方法——走向新的认知和实践 [M]. 2版. 北京: 高等教育出版社, 2017.

[3] 布鲁克·诺埃尔·摩尔, 理查德·帕克. 批判性思维: 10版 [M]. 朱素梅, 译. 北京: 机械工业出版社, 2015.

[4] 人民教育出版社, 课程教育研究所, 生物课程教材研究开发中心. 普通高中教科书 生物学 必修2 遗传与进化 [M]. 北京: 人民教育出版社, 2019.

[5] 人民教育出版社, 课程教育研究所, 生物课程教材研究开发中心. 普通高中教科书 生物学 选择性必修1 稳态与调节 [M]. 北京: 人民教育出版社, 2020.

[6] 荆林海. 高考命题改革背景下, 生物教学中的关键问题 [M]. 北京: 中国青年出版社, 2020.

[7] 何耀华. 运用"自我评价"工具构建生物学选择题解题思维模型——以生物学选择题讲评课课型设计为例 [J]. 生物学通报, 2020, 55 (11): 44-47.

Inspire with Questions and Lead Thinking with Openness — Exploration of High School Biology Teaching Practice to Enhance Students' Critical Thinking

Dai Junping, Ren Xuejie, He Yaohua

Abstract: With the development of the times, the teaching goal of each discipline has changed from knowledge imparting to training the core quality of the discipline with knowledge as the carrier. The core quality of senior biology curriculum includes the concept of life, scientific inquiry, scientific thinking and social responsibility. Among them, the cultivation of scientific thinking including critical thinking, innovative thinking and other higher-order thinking skills. This paper focuses on the practical exploration related to the critical thinking teaching of biology in senior high school, and demonstrates the concrete practices of open thesis, science history teaching, and "self-evaluation" examination paper evaluation, so as to promote open, flexible and deep thinking.

Keywords: high school biology teaching reform; critical thinking; hypothesis-deductive reasoning

以批判性思维二元问题分析法为指导的高中化学探究型教学设计

娄福艳　吴　妍　王浩鑫

【摘　要】　批判性思维二元问题分析法通过全面细致分析问题，提供探究方向，也适用于帮助教师搭建探究式教学设计的框架，培养探究意识与分析技能，以此实现高中化学科目的核心素养目标。本文以高中化学课程"电解质的电离"的教学设计为案例，在应用批判性思维二元问题分析法的基础上，形成问题链，用以指导探究型教学设计，在学习化学知识的同时，体验基于批判性思维学理支撑的探究方法，达到灵活应用与自主探究的目标。

【关键词】　批判性思维；批判性思维二元问题分析法；高中化学；探究型教学；教学设计

一、问题的提出

《普通高中化学课程标准（2017年版）》（以下简称"课程标准"）实行以来，如何提升化学核心素养备受关注。一线教学在鼓励面向核心素养进行改革的同时，也存在误区，常见现象是，把培养核心素养的目标当作方法来指导教学设计，难以判断教学是否真正起到培养核心素养的目的。另外，也有一些展示教学经验的案例，主要基于教师对知识的理解，缺乏科学探究与系统性的问题分析方法的学理支撑。

以高中化学"电解质的电离"教学为例。化学课程标准针对该知识点的教学目标为：认识酸碱盐等电解质在水溶液中或熔融状态下能发生电离，能用电离方程式表示某些酸碱盐的电离。[1] 传统教学活动一般按这样的顺序进行：① 分别演示 NaCl 固体、NaCl 溶液和熔融 NaCl 的导电性实验；② 得出电离的概念；③ 书写电解质的电离方程式；④ 基于电离重新认识酸碱盐。这是符合教科书式的讲授方法。但是，这样的讲授没有真正帮助学生认

[作者简介]　娄福艳，女，北京市第十九中学，主要从事高中化学教学工作；吴妍，女，四川外国语大学创新与批判性思维教育研究中心，主要从事批判性思维教育研究；王浩鑫，女，四川外国语大学国际教育学院，主要从事批判性思维教育研究。

[基金项目]　2023年度重庆市高等教育考试招生研究课题项目"重庆市高考自主命题科目批判性思维测评体系建设研究"（项目编号：CQZSK 2023038）。

识到要变换视角、从宏观世界过渡到微观世界去观察和分析化学问题。因而，即使学生能用符号来表征电解质的电离现象，也不代表其真正理解从宏观世界切入微观构成的化学思维与探究方法。这一判断与笔者在教学中的观察一致。一般而言，在学习新课阶段，学生能理解电离的概念，书写出电解质的电离方程式，但是后期难以将电离概念迁移到离子反应和元素化合物的学习中。这表明，学生对"电离"概念的理解停留在表面，缺乏对"电离"过程的真正理解。

针对该问题，本文尝试以批判性思维二元问题分析法（后文简称"二元问题分析法"）来指导高中化学课程的教学改革，对知识点教学进行全面分析，并以构建问题链的形式进一步指导探究型教学的有序开展，帮助学生真正理解化学现象的本质、原理、条件、过程，达到创新性的拓展应用。

二、二元问题分析法：高中化学探究型教学设计的理论与应用

（一）二元问题分析法简介

二元问题分析法以哲学认识论和科学方法论为指导，对"问题"这一特定对象进行探讨，确定了分析问题对象和问题认知两条路径。在表1中，1.1—1.6从构成要素、关系、属性、原因、运行、环境、时间等维度全面分析问题探究的对象；② 2.1—2.6从问题类型、表述、背景、假设、论证、多样替代等维度帮助分析与问题有关的所有信息与解决方案。[2]

表1 批判性思维二元问题分析法

1. 问题的对象	2. 问题的认知性质
1.1 要素、关系	2.1 表达、类型
1.2 特征、属性	2.2 背景、假设
1.3 原因、机制	2.3 过去、未来
1.4 存在、运行	2.4 信息、推理
1.5 环境、作用	2.5 观点、替代
1.6 演化、其他	2.6 价值、其他

（二）二元问题分析法如何应用于高中化学探究型教学设计

1. 对"问题对象"层面的分析

化学是从原子、分子等微观视角研究物质构成、结构、性质和转化规律的学科。学习化学，目的不只是记住每一种化学物质的性质和转化，还包括通过分析化学物质的组成和结构推断物质的化学性质和转化的可能，形成系统分析物质性质和转化规律的化学思维。二元问题分析法中的"一元"，就是通过剖析化学物质对象的要素构成、关系、特征、演变等，以此寻求化学物质的结构、性质、转化等，直接对准化学思维与学科特性。

下面是应用二元问题分析法针对"问题对象"即需要探究的化学物质自身做出的全面分析（依据表1左侧部分），为教学设计提供前期准备。

1.1：分析化学物质的要素与关系：既包括物质的宏观要素，也包括微观构成，同时涉及微粒之间的关系，包括微粒的数量、位置、相互作用等。

1.2：分析化学物质及其构成微粒的性质，以及不同状态下物质的性质变化。

1.3：从结构角度探析物质为什么具备某种性质，体现"结构决定性质"的化学学科思想。

1.4：分析化学物质及其构成的存在形式、作用关系机制。

1.5：分析化学物质在不同条件下的存在状态和性质变化，体现化学学科核心思想——物质是变化的，变化是有条件的。

1.6：在时间维度上分析物质性质的变化和变化带来的结果，体现化学物质变化的动态过程。

2. 对"问题认知"层面的分析

在实际教学中，教师习惯根据教材呈现知识的顺序，设计能够激发学生参与教学的活动。但贯穿这些活动的底层逻辑，不能仅靠教学经验，还要同时符合科学与教学两方面的认知规律。二元问题分析法中的"第二元"，着眼于对问题的全面认识，对问题自身、背景、过程、相关论证、不同观点、价值等要素进行思考，帮助教师重塑教学设计的底层逻辑。下面是依据二元问题分析法，在"问题认知"的层面（见表1右侧部分），对化学课堂上的问题探究展开的全面预设。

2.1：确定化学课堂要探究的问题是什么？它属于什么类型的问题？问题的表述清晰、具体、准确吗？

2.2：这个问题的背景、情境、假设有哪些？比如，为什么我们要在化学课堂上探究这个问题？学生已经具备了哪些相关的生活经验？当前的学情如何？

2.3：从时间维度考虑，如何有序组织该问题的探究流程——引导学生由浅入深，逐步理解知识的来源、本质及在不同情境下的应用，能自己创设应用情境、评判应用等。

2.4：解决这个问题需要收集哪些信息？其中的推理过程是什么？如何指导学生收集信息并完成探究实证。

2.5：关于这个问题是否有其他的解释或观点，它们是如何论证的？合理吗？

2.6：这个问题对学生学习化学知识的价值是什么？当前对这个问题的认识是否受到主观或社会其他因素影响，和已有的知识是否一致？

三、基于二元问题分析法的教学设计案例——以"电解质的电离"单元为例

下面以"电解质的电离"单元为例，在前面应用二元问题分析法从12个维度展开全面分析的基础上，进一步形成问题链，指导高中化学"NaCl的导电性"这一知识点的探究式教学设计，展示如何通过批判性思维来推进思维认知与实验活动。

（一）问题链 1：关注问题背景，围绕目标与学情形成问题链，帮助学生形成对知识的整体认识

①"电解质的电离"单元要学习的核心问题是什么？为什么要讨论"NaCl 的导电性"这个问题？

② 探究"NaCl 的导电性"这个问题的学科价值是什么？

③ 反思认识"NaCl 的导电性"这一问题时，其中包含了哪些背景、前提、假设等，寻求这些信息对学生探究"NaCl 溶液为什么能够导电"带来哪些影响？

④ 从时间维度分析，如何有序组织探究该问题（知识）的流程。

一般的教学活动主要基于教材中设置的任务和目标进行设计，本文在应用二元问题分析法从 12 个维度展开全面分析的基础上，先围绕核心知识点的问题背景形成问题链 1，帮助教师启动关于教学任务的元思考。通过问题①和问题②，反思"为什么要学""学了有什么用"，探索目标设置背后的缘由及达成手段。比如，认识"NaCl 的导电性"，除了教学目标本身的描述外，课堂探究的重点，还应包括从化学物质的宏观表征切换到微观构成，要对 NaCl 的导电性进行逐层、深入、细致的探究，在寻求其机制原理的同时，帮助学生认识物质在微观世界中，会因其存在状态、行动轨迹、相互作用而产生变化，以此体验化学不同于物理、数学等科目的学科特性。这样的目标与过程设计，有助于学生真正理解化学知识，灵活解决化学问题，形成从现象到本质，再利用本质去探究和解决新问题的认知闭环。问题③提示教师考虑如何以更符合学生已有认知基础的方式去组织教学活动。比如，因为之前已掌握金属导体中才有自由电子，学生可能知道 NaCl 溶液的导电性不是因为自由电子的存在，因而这里需引导学生假设：是否可能还有别的微粒可以导电？它可能是什么形态？以何种状态存在？问题④帮助教师思考，NaCl 溶液的导电性问题放在课程哪个阶段去组织探究更有利于激发学生的思考，更能符合学生的已有认知。

下一步，就是通过对问题类型的分析，帮助学生判断问题（或知识）的真正原因（或本质），从目标过渡到方法。

（二）问题链 2：聚焦问题类型，围绕问题的解决方法形成问题链，帮助学生掌握探究"因果型问题"的过程方法

探究式学习的教学设计，需考虑帮助学生最终形成自主探究能力。这里从引导学生关注问题类型入手，依据问题的类型，明确解决问题的路径方案。探究"NaCl 的导电性"问题，更符合教学目标的准确表述。换句话说，作为电解质的 NaCl，其溶液（或熔融态 NaCl）为什么能够导电？这是一个探究因果机制的问题类型。课堂中要解决这样的问题，除了让学生理解原因本身，还应该培养学生寻找从原因到结果的因果机制链条的思维方法。因而，这里遵循批判性思维和科学方法论关于因果论证的思维模型[①]进一步设计问题链。

[①] 注：因果论证的步骤请参考：董毓. 批判性思维十讲——从探究实证到开放创造[M]. 上海：上海教育出版社，2019.

① NaCl 溶液中，起导电作用的物质是什么？NaCl 固体导电吗？纯水导电吗？

② NaCl 这种"物质"和"导电现象"两者总是相互伴随的吗？

③ 从 NaCl 这种"物质"到"导电现象"的中间环节，有没有可能是因为第三方因素参与？NaCl 溶液导电的微观过程是什么？水的作用是什么？

④ 如果有，可能有哪些第三方因素的参与？除了水之外，还有其他因素让 NaCl 发生电离吗？电离的本质是什么？

学生知道水可以引发触电，但不知道原因，即 NaCl 溶液的导电性与阴阳离子有关。因而，探究 NaCl 溶液导电的因果机制，引导学生对现象背后的原因机制进行猜想和验证，思考从原因到结论之间可能存在的因果链条，然后对每一条因果链条进行检验、比较、判断，得到最合理的因果解释。其中，检验、比较、判断的过程，需要依靠实验进行。这样的教学设计思路，以形成新的认知为导向，批判性思维的"探究-实证"路径贯穿其中，符合科学探究的因果论证模式。

下一步，是关注如何利用二元问题分析法启动思考、设计实验，明确实验中需解决哪些问题，将探究聚焦到"NaCl 为什么能够导电"的问题对象"NaCl"自身。

（三）问题链 3：回到问题对象，围绕不同状态下 NaCl 的导电性形成问题链，帮助形成细致的分析能力

① NaCl 可以有哪些不同状态的存在方式？NaCl 溶液的组成是什么？

② NaCl 在不同状态（固体、溶液、熔融状态）下是否有构成上的区别？

③ NaCl 在不同状态下的构成的区别，是否对导电性造成影响？溶液态和熔融态都有导电性，但究竟是什么中间环节产生了决定性作用？

④ 如果不同，背后的原因可能有哪些？其他物质和 NaCl 有相同的构成和导电性区别吗？

在问题链 3 的几个问题中，问题①侧重于宏观角度的物质状态。问题②引导学生从宏观世界走进微观世界窥探电离现象。以 NaCl 溶液为例，这里提示教学中要全面考虑溶液的微观组成，帮助学生理解化学现象的本质和缘由，跟问题链 1 形成呼应。由于水的参与，NaCl 溶液与固态下的 NaCl 具有不同的微观构成，因而借由实验来回答问题③，发现 NaCl 在水溶液中和熔融状态下都能导电，在固态状态下不能导电。这里探究的重点，就是让学生理解，为什么除金属中的自由电子可导电以外，能够自由移动的阴阳离子也可以导电，巩固"结构决定性质"的学科思维，建立对 NaCl 在不同状态下的结构存在差异的认识。问题④，如果是因为水本身具有导电性而导致 NaCl 溶液导电，那么熔融态 NaCl 就不应该导电，但熔融态 NaCl 也导电，说明 NaCl 溶液的导电性不是来源于水本身或水与 NaCl 发生的化合反应，而是由于水的参与或热的参与。换句话说，是溶液中的水和熔融时的热，破坏了钠离子和氯离子之间的静电作用，使 NaCl 发生电离，以阴阳离子形式存在，且可以自由移动，为溶液导电提供前提。

（四）问题链4：变换知识在不同情境（环境）中的应用，形成问题链，帮助灵活应用知识

① NaCl导电性问题背后的本质（知识）究竟是什么？不符合这样本质的现象有哪些？（变换原因做比较）

② 衔接新旧知识，思考电解质的导电性与金属的导电性的区别（变换条件做比较）

③ 在这一本质作用下，可以得到哪些拓展属性？（变换性质做比较）

④ 收集信息，了解电解质的导电性在人体中发挥的重要功能。（变换情境，拓展应用）

问题①是通过排除法去理解知识的本质特性。只有在溶液里或熔融状态下均能导电的化合物才叫作电解质，它是在一定条件下，物质自身发生电离而产生导电现象。而类似CO_2、SO_2、SO_3、NH_3等是通过溶于水后，与水反应生成新物质导电，不是因物质自身电离而导电，因而是非电解质。此外，还可以通过变换条件（问题②）、变换性质（问题③）、变换情境（问题④）等方法，启发学生通过自主探究获得新的认知。比如，由问题③可得到结论——电解质不一定导电，导电的物质不一定是电解质，不导电的物质不一定是非电解质（电离现象的本质，是破坏了原先离子间的静电稳定状态，而非结合为新的化合物而导电）。问题④让知识还原到真实的生活情境，解决电解质知识点的跨学科应用问题。由此，回到问题链1，回应"为何学"。

四、小结

基于二元问题分析法的教学设计和传统的教学设计主要有以下两个方面的不同。

其一，应用批判性思维来指导如何"教知识"。它基于认识的内在逻辑，而非传统的教学经验。教师在二元问题分析法的框架下，可以围绕教学任务和知识属性先进行全面、细致、具体的思考，再根据实际需求，一步步构建教学设计的逻辑链条。需要说明的是，问题链条的组合应该是灵活的，围绕实际的"教"与"学"服务。不限于上面列举的案例，教师可以根据实际情况依据各个维度的分析，做增减或组合变化。

二元问题分析法所要求的12个维度的分析框架，原则上是帮助教师对教学任务形成全方位的扫描和提示，挖掘容易被忽略却致力于真实学习的关键环节，通过分析、比较、拓展、综合来形成丰富立体的认识。依据二元问题分析法进行教学设计的一项重要环节，是依据一定的原则设计和形成问题链条。因而，问题链条的构成原则是为教学服务，教师可以根据课堂时间和教学侧重做出灵活多样的组合，不必限于固定的问题设置流程。

其二，教师借助二元问题分析法建构的教学设计，可以在三个方向上促进学生的认知。一是针对要探究的现象和物质本身，从宏观深入到微观，从现象过渡到本质。二是通过变换条件，促进知识的应用转化。三是突破要探究的具体物质，理解抽象概念的含义，如"构成要素""属性""状态""作用关系"等，帮助学生把探究"NaCl的导电性"这一

知识点作为载体，去了解和认识科学探究的根本方法和基本路径。也就是把物质（问题对象）进行分解，从要素、构成、关系、属性、状态等多个方面去认识物质，把关于某一具体物质（NaCl）的认知统筹到科学认识事物的方法本质，由教 NaCl 的电离现象的知识点，引导学生过渡到关注化学物质的科学探究方法与思维技能上，由学知识转变为探究知识。

参考文献

[1] 中华人民共和国教育部. 普通高中化学课程标准（2017 年版）[M]. 北京：人民教育出版社，2018.

[2] 董毓. 批判性思维十讲——从探究实证到开放创造[M]. 上海：上海教育出版社，2019.

Inquiry-based Teaching Design of High School Chemistry Guided by Critical Thinking's Method of Dual-Level Analysis of Question

Lou Fuyan, Wu Yan, Wang Haoxin

Abstract：Critical Thinking's Method of Dual-Level Analysis of Question provides the direction of inquiry through comprehensive and detailed analysis of problems, which is also suitable for helping teachers build the framework of inquisitive teaching design and cultivate inquiry consciousness and analysis skills, so as to achieve the core literacy goal of chemistry subjects in high school. This paper takes the teaching design of high school chemistry course "Electrolyte Ionization" as a case. Based on the Critical Thinking's Method of Dual-Level Analysis of Question, this paper forms a chain of questions to guide inquisitive teaching design. While learning chemistry knowledge, students can experience the inquiry method supported by the theory of critical thinking, so as to achieve the goal of flexible application and independent inquiry.

Keywords：critical thinking; Critical Thinking's Method of Dual-Level Analysis of Question; high school chemistry; inquiry-based learning; teaching design

小学数学"统计与概率"中的批判性思维融合式教学实践研究

吴 妍　陈晓燕

【摘　要】 义务教育阶段数学课程标准与核心素养对现实世界与统计数据有关的一系列能力提出要求，是大数据时代判断信息质量，形成独立思考与问题分析能力的重要起点。批判性思维从思维品质、技能方法、实践问题等三大环节入手，帮助小学数学教师在"统计与概率"板块教学中融入批判性思维要素，提升学生在真实生活中的问题意识，进而在统计信息可能存在的问题中融入批判性思维的问题分析、论证分析、论证评估等基本技能，有助于培养学生求真、公正、开放、反思等思维品质。

【关键词】 小学数学；统计与概率；批判性思维

一、问题背景

数学源于对真实世界的抽象，不仅是运算和推理的工具，也是交流和表达的语言，承载着理性思维训练的重要职能，并与学习者的生活世界密切相关。"统计与概率"作为小学数学四大内容领域之一，其课程标准细则要求小学阶段需涉及"数据分类""数据的收集、整理与表达""随机现象发生的可能性"三个主题。其中，"数据的收集、整理与表达"包括收集数据，用统计图表、平均数、百分数表达数据，让学生初步感受到现实生活中存在大量数据，了解其中蕴含着有价值的信息，利用统计图表和统计量可以呈现和刻画这些信息，形成初步的数据意识。[1]

在义务教育课程标准之外，实际生活中与统计有关的"研究揭示"层出不穷。比如，害羞使人寿命缩短、点外卖频率与抑郁症发病率高度正相关等。这些论断背后大多以统计数据提供支持。如何对统计数据进行分析、识别、区分真假、在信息社会中做出独立判断，是大数据时代学生必备的数据分析能力的重要构成，也是数学与批判性思维教育交叉融合的一大方向。本文探讨其中一项核心问题：如何在小学数学教学中，在符合数学学科

[作者简介] 吴妍，女，四川外国语大学创新与批判性思维教育研究中心，主要从事批判性思维教育研究；陈晓燕，女，广东省东莞市教育局教研室，主要从事小学数学教研工作。

课程标准基础上,真正培养学生在生活实践中综合应用数学知识与批判性思维来分析和解决问题的能力。

二、批判性思维何以作用于小学数学"统计与概率"的教学实践

总体而言,批判性思维在品质、技能和实践三大方面对小学数学"统计与概率"板块的学习产生直接影响,分别在数学课程的德育、智育和解决真实生活中的实际问题等方面提供帮助。下面对其依据与内容进行论述。

(一) 应用批判性思维拓展德育路径

批判性思维包含理智品质和高阶思维能力两大构成,是德育和智育的结合,其中的德育部分,由一组批判理性精神和品德构成,包括求真、客观、公正、反思、开放、谨慎等思维品质。[2] 培养这些思维品质,是比任何一项具体技能更为重要的任务,只有先让学生意识到求真、反思、谨慎等思维习性的重要性,逐步养成这样的思维习性,才可能主动、灵活、综合使用数学知识及批判性思维技能去识别和解决真实生活中的统计问题,而不是被动、呆板、单一地求解人工设计的数学习题。这样的德育方式,能帮助学生提升理性思维的水平和解决现实问题的能力,并逐步过渡到能在社会生活中自主使用求真、反思等理智品质应对各种复杂问题。

(二) 应用批判性思维扩大智育空间

具体来讲,就是依据批判性思维路线图(图1)进行任务分解,应用批判性思维技能分析和评估统计数据信息,具体包括如下三方面的任务。

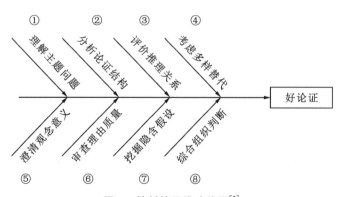

图 1 批判性思维路线图[3]

任务一,理解主题问题。如图1中①所示,包括寻找和识别问题,提出有探究价值的好问题,分析问题以及丰富细化问题等一系列围绕问题自身进行的探究过程。

任务二,识别论证文本。如图1中②所示,从包含统计信息的具体问题有关论证的文本中,分析论证结构,包括找出其中包含的结论结构以及相应的证据、前提和理由等。

任务三，考察统计信息。如图1中③—⑦所示，具体依据评估论证的五大要求——澄清观念意义、审查理由质量、评价推理关系、挖掘隐含假设和考虑多样替代，对统计信息进行全面、细致、严谨的考查，并评估和判断统计信息与数据质量。

（三）应用批判性思维关注真实生活中的实际问题

《义务教育数学课程标准（2022年版）》明确提出培养学生的三个核心素养：用数学的眼光观察现实世界、用数学的思维思考现实世界、用数学的语言表达现实世界。[4] 可见，核心素养尤其强调了数学与现实世界的关联。批判性思维以促进认知为目标，它与形式逻辑的一大主要区别是，批判性思维关注经验世界中的真实问题，要求问题来自实践，再通过相关学科知识和思维技能进行分析，最后回到实践中去解决问题。落实到小学数学"统计与概率"教学中，批判性思维通过鼓励学生在真实生活中观察和获取与统计信息相关的素材，识别其中可能存在的问题，进而确定当前需要解决的具体问题，培养学生的问题意识以及"实践中求真知"的思维习惯。

三、小学数学"统计与概率"板块的批判性思维教学案例

下面遵循上述原则和方法，以小学六年级数学课程"统计——用数据说话"复习课为例进行说明。

（一）学会提问：寻找和确定真实生活中的探究性问题

案例1：上海、武汉、成都三个城市18—25岁男女青年的平均身高统计数据，分别以两幅不同的折线统计图展示（见图2）。

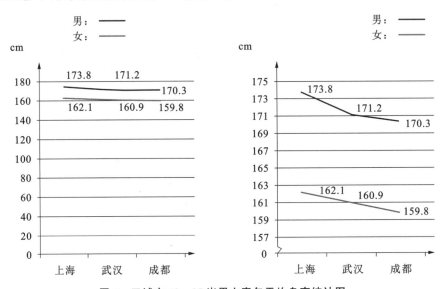

图2 三城市18—25岁男女青年平均身高统计图

问题1：为什么由第一幅图不能明显地看出身高变化；由第二幅图却能够明显地看出三个城市青年身高逐渐下降的趋势？

问题2：男女青年的平均身高呈现逐渐下降趋势的原因可能是什么？

针对问题1，通过观察统计图即可发现，第一幅图纵轴每一格代表的数据较大（20cm），第二幅图纵轴每一格代表的数据较小（2cm），且省略了0—157cm这部分的刻度。可见，用折线统计图直观表达数量增减变化情况时，绘图方法和表现形式可能对图示表达的结论信息产生重要影响。

针对问题2，依据批判性思维路线图第一步"理解主题问题"，这里需引导学生联系实际，把数学问题还原到真实生活情境中，对现有问题进行分析、转化和重构。首先是全面分析影响身高的可能因素，比如地形、海拔、饮食、经济、人口构成等。在现实生活中，造成某一现象的原因往往是复杂多样的，不能根据某一个方面贸然下结论，要想了解真正的影响因素，需要对问题对象的构成要素及相互关系做出全面分析、比较，批判性思维提倡的求真、开放、公正、反思等德育元素在此过程中体现出来。

此外，这里还可以应用求同法、求异法，帮助分析现象原因。

首先，可以提醒学生注意这几个城市所在地区的地形和海拔，其中上海、武汉、成都均属平原城市，差别不大，因而排除地形和海拔对这三座城市青年的身高影响。其次，考查饮食，相对上海和武汉，成都对麻辣饮食的喜爱程度更具典型性，而图中成都18—25岁人口平均身高均低于其他两座城市，因而指示下一步探究的问题方向——考虑麻辣饮食习惯与身高偏低是否存在相关性。再次，考虑人口构成，相对武汉和成都，上海外来人口比例相对更高，图中显示上海18—25岁人口平均身高均高于其他两座城市，那么下一步探讨的问题可转化为：更大的外来人口比例是否导致身高总体偏高趋势？

通过问题分析，原问题"男女青年的平均身高呈现逐渐下降趋势的原因可能是什么"经过具体的要素分析与比较，转化为更具体、细致和有指示方向的两个探究问题。学会提问，其实就是通过问题分析，把模糊含混的疑难问题，进一步提炼为好的探究性问题的过程，为学生提高分析问题和解决问题的能力提供帮助。

（二）分析论证和评估论证：针对统计信息的批判性思考

案例2：阅读以下材料，请给出你的分析判断。

> 跳伞是一项非常安全的运动。据统计，本地区近年来因为参加跳伞运动发生意外身亡的人数仅为3人，而因为经常跑步而发生意外身亡的人数为15人。

如图3所示，这则材料是一个典型的论证性文本，包含论证必备的前提（证据）、结论和推理关系三大构成要素。这里依据批判性思维路线图提出的任务二和任务三，引导学生先分别找出统计信息文本中包含的前提和结论，再分别从概念意义、证据质量、推理关系、隐含假设、多样替代等方面进行评估。

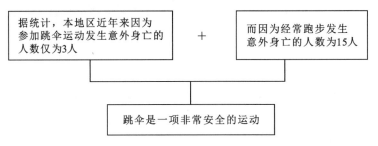

图 3　统计信息的论证分析图示

原文依据两项运动发生意外身亡的人数的比较，做出"意外身亡人数较少的运动更安全"的推理，其结论是"跳伞是一项非常安全的运动"。显然，论证中的概念和推理均存在疑问。是否"安全"，本质上是数学概念中的概率问题，不能由两个自然数的数值的比较进行推理判断。因而，"跳伞是非常安全的运动"的结论是否成立，取决于"跑步总人数与跳伞总人数相同"这一隐含前提是否成立。这里用图 4 来还原考查隐含前提后的论证结构图。右侧虚线框代表原文中的统计数据的信息缺少，因而无法得到现有结论。

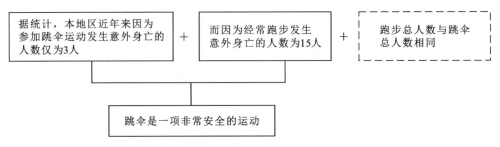

图 4　考虑隐含前提的论证结构图示

分析论证、评估论证，是应用批判性思维识别和判断信息质量好坏的必要环节，它对包含论证成分的统计信息同样适用。小学数学教学中，适当引入论证结构图示的分析方式，帮助学生把文本信息纳入结构化的论证思维体系，再有针对性地启发学生从评估论证的五大要素出发，去评估统计信息的论证质量，有助于更清晰、直观、有序地进行问题分析。本案例显示的是一个典型的由"不完整"数据导致的不良论证。通过分析论证和评估论证的具体方法，能比较直观地帮助学生发现统计数据"不完整"性的真正来源。

（三）技能与品质的综合培育：识别统计方法上可能存在的情感偏向

案例 3：图 5 显示两所小学 4—7 月的图书借出数据。

问题：从统计表中的数据来看，哪所学校的学生更喜欢阅读？

基于案例 2"不完整数据会骗人"的经验，学生可能提出疑问，理由是"统计表格没有告诉每所学校的总人数，数据不完整，无法判断"。因而，这里给出一个虚拟总数：A 小学共 300 人，B 小学共 200 人。学生用案例 2 的统计方法，结合图 5，用计算平均数的方法分析数据，得出"B 小学学生更喜欢阅读"的结论。

A小学和B小学每个月的图书借出册数

学校＼月份	4	5	6	7	合计
A小学	986	2918	3414	2420	9738
B小学	849	2523	2938	2095	8405

图5　A小学和B小学每个月图书借出册数统计表

但是，结论是否合理，还需要启动批判性思维做评判。这里重复案例2的做法。

第一步，分析论证。分别找出论证包含的结论和前提（证据、理由）——结论是"B小学学生更喜欢阅读，因为B小学人均借阅书籍的平均数值更大"，证据为综合统计图表和两所小学的总人数得到的分析数据，A小学人均借阅32.46本，B小学人均借阅42.03本。

第二步，评估论证。这里仍按照批判性思维评估论证的5个要素逐一审查。先来看论证中涉及的关键概念——喜欢借书不完全等于喜欢阅读，借书有可能是为了查找信息、完成作业，不完全等同于通常意义上的阅读。再考查推理——人均借阅量大的学校，是否其学生更喜欢阅读？显然，这里存在反例。比如，如果：A小学总共300人中，只有150人借书，而B小学总共200人中，200人都参与借书，那么人均借阅的平均值显然不足以得到当前结论。

以上是小学数学科目在技能层面应用批判性思维的综合考查。再进一步思考，批判性思维的学科融入，还应更重视和强调德育的实践转化。思维品质，是决定如何使用方法、规则做出合理判断的底层逻辑。这里转换视角，重新设置问题：

假设A、B两所小学学生借阅图书都用于阅读，A小学总共300人，只有150人借书，那么借阅覆盖率为50%，但人均借阅书本数量为64.92本；B小学总共200人，200人都借书，借阅覆盖率为100%，但人均借阅书本数量为42.03本。如果你是A小学学生，你将采用哪种统计方式得出哪所学校学生更喜爱阅读的结论？

显然，这里其实是两种不同统计方法的比较。如果按"人均借阅书本数"的指标做比较，结论是A小学学生更喜爱阅读；如果按"借阅覆盖率"的指标做比较，结果是B小学学生更喜爱阅读。两种统计方法，得出了截然不同的结论。如何做判断，背后涉及"喜爱阅读"标准的选择问题，而选取哪一个（或综合选择）的背后，会涉及主观价值与情感因素的影响。比如，如果你是A小学的毕业生，基于情感要素，使用"人均借阅书本数"的统计指标作为证据，对A小学学生喜欢阅读有正面支撑作用。可见，我们强调批判性思维对精神品质的要求更优先于技能，也就是说，下结论的首要前提，应该是公正、客观、谨慎的价值取向，才能促成"求真"的批判性思维内核发挥作用，而不是看哪个方法对自己更有利。当然，这里还可以让不同的学生模拟两所学校的学生身份，或扮演教育局主管官员的角色，让学生进行简短辩论，增强学生们对"公正"等思维品质的感知。

（四）探究与实证：围绕问题分析启发全面、深入、细致的思考

案例4：图6为某校学生最喜欢的科目调查统计图，包含语文、数学、英语、体艺等四类科目。

问题1：请根据图6中的已知信息计算出调查总人数，再把统计图补充完整（左侧图示中补充喜欢"数学""英语"科目的统计人数数据，右侧图示补充喜欢"语文""英语"科目的百分比数据）。

问题2：你们对这个调查结果有什么看法，请给出理由。

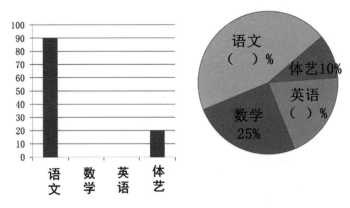

图6 某校学生最喜欢的科目调查统计图

问题1主要针对数学知识和计算方法的综合应用，本文略过。问题2是对统计过程和结果的进一步追问，是进一步帮助学生进行批判性思考的启动性问题，需要引导学生回到真实的生活实践，联系自身经验来确定和分析问题，给出可能的解决方案。

学生一旦回到真实情境对统计信息进行反思，就很容易表示"不相信"，理由是"不可能有那么多的同学喜欢语文、那么少的同学喜欢体艺"。由此引导学生对统计数据的来源、调查方法等环节进行猜测。比如，或许有可能是语文老师组织的调查，学生不敢说真话。因而，可以确定接下来要分析和探讨的问题：究竟如何进行统计调查才符合公正、真实、有效等基本原则？由此引导学生关注和思考统计调查的方法、过程、目的等基本构成要件。比如：用投票箱无记名投票，确保过程的公正性；了解参与统计的人数与总人数的比例，规范数据来源的可靠性；确定投票原则是单选还是多选，帮助解读统计数据；考虑是否需要分班级进行统计调查；讨论能不能通过对不同班级的统计数据进行比较，以此了解学生对不同科目教师的认可程度等。

通过这一系列问题的讨论和引导，其实是在还原真实生活的实际情境基础上，应用批判性思维的问题分析法则，对统计问题的构成要素进行方法、标准、过程等方面的细致分解，再进一步完善和丰富原有题目在培养数据获取、数据分析、数据解读能力等方面的细节问题。这样的数学教学，来自实践，回到实践，帮助学生更深入理解统计数据的来源与背后的基本原理，培养问题意识，提高学生探究问题的实际能力，有助于将来在实际应用中灵活应用，同时也对公正、严谨、细致、开放等思维品质起到促进作用。

四、结论

从以上案例可以看到,批判性思维在小学数学课程中的融合式教学,可以帮助学生在学习数学过程中,更灵活、更自主地识别真实生活中的数学问题,并依据一系列规则做出合理分析和评判,以此解决过去依赖死记硬背、解题技巧或刷题等方式来提高数学能力的学习模式。本文主要涉及与数据收集、数据分析、数据描述等有关的观察、实验、比较、猜想、分析、综合、抽象、概括等数学思维能力,均可以通过批判性思维的融合教学,综合应用思维技能的提升和思维品质的培育,从意识、路径、方法、流程等方面实现能力的启动和不断发展。

当然,本文展示的批判性思维融合教学实践还在起步阶段,但已经充分表现,数学思维教育与批判性思维教育可以协同融合,共同作用于真实生活中的数学问题,有效提高学生分析和解决问题的能力。我们也期待更多同行加入相关研究,促进批判性思维的学科融合发展,为创新人才的培养创造条件。

参考文献

[1][4] 教育部. 义务教育数学课程标准(2022年版)[EB/OL]. www.gov.cn/zhengce/zhengceku/2022-04/21/5686535/files/38d69f3e08f34a568da15fdc9d56f2fc.pdf.

[2][3] 董毓. 批判性思维十讲——从探究实证到开放创造[M]. 上海:上海教育出版社,2019.

Exploring Critical Thinking Teaching Practice in Primary School Mathematics "Statistics and Probability"

Wu Yan, Chen Xiaoyan

Abstract: Mathematics Curriculum Standards and core literacy in compulsory education require a series of abilities related to statistical data in the real world, which is an important starting point for judging information quality and forming independent thinking and problem analysis ability in the era of big data information. Starting from the three aspects of thinking quality, skills and methods, and practical problems, critical thinking helps primary school mathematics to integrate elements of critical thinking into the teaching of "statistics and probability", helps mathematics curriculum to effectively enhance students' consciousness of problems in real life, and integrates basic skills of analysis and evaluation of arguments into possible problems of statistical information. In the process of in-depth analysis of statistical data, students are trained to seek truth, justice, openness, reflection and other mindsets.

Key Words: primary school mathematics; statistics and probability; critical thinking

如何撰写批判性思维的教学经验交流文章

董　毓

在进行《批判性思维教育研究（2022年第2辑）》的审稿时，有一些感触，在此把一些共同的问题写一下，以帮助稿件的写作和修改。

对一些稿件的总的感觉是存在四大方面——问题/议题、批判性思维的观念、论证、写作——的不足。这些应该是写作的基本的、一般性的要求。

① 要清楚文章要讨论/解决的一个（中心）问题/议题是什么。
② 要有准确、合适的，与文章内容相配的批判性思维的观念。
③ 论证基本功：要给出可信、具体、有关的证据，最好有综合、细致的案例研究。
④ 写作：围绕中心议题来写，不能信马由缰地写无关的、已有的、枝节的内容，要让读者懂。

下面具体说一下。

一、你的论文要讨论的问题是什么？它清楚、具体、有意义吗

一篇论文，是要解决一个（研究性）问题，而且要是好问题。但目前大多数文章对自己要讨论的问题没有提炼，作者显得不清楚自己讨论的是什么问题、这个问题好不好。

最多见、最突出的不足，是问题过大（焦点太多）和涉及的陈旧内容多。一定要记住，一篇文章是试图解决一个问题，它也就是你的文章的中心议题。而且，这个问题要有意义，有新意，有具体焦点，可以合理讨论。比如：① 如果你是想讨论应用批判性思维原理或方法来促进学科教学、提高学生学习效果，那么请聚焦并说明应用的是哪一个方面的原理或方法，促进的是什么样的教学和学习；② 如果你是想讨论进行某种教学改革实践来培养学生的批判性思维精神、原理或方法，那么请聚焦并说明这个教学实践做的是什么，培养的是哪个方面的原理或方法，不要简单地用"……可以培养批判性思维""使用批判性思维的策略来指导……"来代替具体的所指。

[作者简介]　董毓，男，华中科技大学创新教育和批判性思维研究中心，主要从事批判性思维、非形式逻辑和科学方法研究。

到底是讨论的什么问题，以及问题的价值，这是文章有无价值的起点。那么文章的一开始，你就要陈述你的具体研究问题，要给出问题起源的背景（比如，调查发现，目前小学的教学方式使学生缺乏对数学概念，与现实生活有关的内涵、形成和抽象的过程等的深入理解）、你讨论这个问题的必要性和重要性（比如，这方面的缺乏将限制学生举一反三的应用和未来数学能力的发展）、你的立场/解决方案（比如，你主张用批判性思维的某种方法来进行数学教学可以改进这个不足）。你可能还会说几句对你讨论的问题的焦点、范围或对象的澄清，并指出你的解决方案是独特的，等等。

问题的具体性，会使之更可能有新意、有特点，而"如何在基础教学中推进批判性思维"这样的过大过多焦点的论文题目，显然是难以有新意的。如果不聚焦，也多半只能空泛议论，说（重复）一些已经说过的话，所以也没有阅读价值。

我们已经知道，确立一个好的研究问题，是研究和写作的关键起点和立足点。不幸的是，人们对此普遍缺乏了解，这已成为缺乏新的认知和原创性科技成果的一个基础原因。建议读者先去读《批判性思维原理和方法——走向新的认知和实践》或《批判性思维十讲——从探究实证到开放创造》的第二章。有机会我们将更多就这个题目进行介绍和推广。

二、你的论文依据/对应的批判性思维观念是什么？它和你的研究相关吗

既然你的论文要么是讨论如何运用批判性思维来改进教学，要么是讨论某一种教学改革实践可以培养批判性思维，那么你首先要搞清你指的那个批判性思维是什么，这是一个关键概念的澄清，也是你研究得以立足的一只脚。现在的情况是，很多文章中对批判性思维的观念表述得很局限、混乱和随意，显示作者没有做相关研究和思考。有的仅用"质疑""批判"的字眼来定义批判性思维，而后面的文章写的是关于讲理由、有推理的内容；有的是简单和随意地表述自己对批判性思维的感觉，文章后面则以有争论或者仅仅就是有观察有看法的现象来论证运用了批判性思维。这种情况不在少数。它不但是对批判性思维理解的简单化和偏离，而且文章前后不相配，更没有什么新意、深度和价值。作者们需要了解当代的批判性思维观念，了解它的根本特征。批判性思维不是仅仅有争论就算，不是仅仅有观察或推理就算，不是仅仅做了逻辑或数学题就算，不是仅仅"刺激思考"就算；如果一个做法要算，要有它和批判性思维的关系的说明，而且要和文章开头表达的批判性思维概念联系得上。

关于目前对批判性思维的主流观点，参见另一文件——《批判性思维说明》。

三、论证：给出了具体和相关的论据/案例吗？结论怎样从例子中总结出来

不少文章不符合论证的基本要求，说话不给出论据：不引用、不给出来源（或者随意说一个来源），更不给出具体、细致、有关的证据。

另外的问题是，很多论述是给出一个表述过于简单甚至让人看不出端倪的事例之后，就马上做出结论："这证明了用批判性思维就能提高……"这不是论证，人们看不出来前面说的事和后面的结论的联系（部分原因是上面说的，因为对批判性思维内容没有确定，所以什么都算是批判性思维）。

结论，应该是在描述你的教学改革工作或案例之后做出，它应该指出你的工作和什么批判性思维的精神/能力相关，以及为什么说提高了这个精神/能力等。这是在文章的最后讨论和反思的部分。

特别想指出：教学经验交流，要有具体细节的教学案例为好，这表明真的进行了具体工作，也是文章有独特性、有新意、值得发表给大家看的原因。切记不要泛泛而谈，或粗线条地表述你最有价值的地方——你的具体教学案例和工作。

四、写作：围绕议题来写，要有条理，不要头重脚轻和缥缈晦涩，要想到读者

与上面说的有关，这是你教学经验交流文章的一般流程：

① 清楚和简洁地表述你要解决的中心问题（表达其来源及重要性），比如，学生学不好数学概念的现象和它的负面影响；或者，学生缺乏探究或者多方面思考等意识和它的负面影响等（可以有调查数据或者引用研究报告支撑对这个现象存在和它的负面影响的说明）。

② 简述你的解决/主张，比如，你认为用批判性思维的某种方法可以促进这个中心问题的解决。在此，你要引用文献，说明你指的批判性思维是什么，而且它要和你后面的内容有关。

③ 叙述你的解决方案/主张的实施内容：你的教学改革工作/案例（你怎样用某个批判性思维的原理来指导某种教学/培育工作，或用什么做法在语文、数学……中培养这样的意识和能力等）。

④ 讨论和反思：你的解决工作对中心问题的关系和成效，你要证明你这样做有作用，或许还指出有哪些问题和改进需要，等等。最后你做出结论：这样做确实可以达到/有助于该中心问题的解决。

这些是你的文章要完成的任务，它们实际也就是回答这样的问题：什么是研究的中心问题/议题？为什么要解决/讨论它？打算怎么去解决它，具体是怎么解决它的？这个解决方案的成效怎么样？有无需要改进之处？

作者最好遵从这样的流程来写，要围绕研究的中心问题及其解决写。①和②部分要表述准确、完整、相关和简洁，主要的篇幅是放在③和④，这就是展示你个人做的具体工作或者你的主张的具体论证内容，以及讨论它们的成效。这是最重要、最独特、也是读者最想学习和借鉴的经验传授内容，这也是我们选取文章的主要依据。这表明，不能无约束地写一些已有的、枝节的甚至无关的内容。不少文章花了很多段落详细讲述或引述一些已经

有共识的、在其他地方可以读到的、对自己的文章只是一个铺垫的论述。这就浪费了有限的篇幅，对读者也没有用处。

另外，写作也是要让读者懂。学术界之所以推崇上面的流程（模式），也是为了让人懂，才好交流和学习。语句和案例，都要符合"懂"的要求。语句不要流于抽象和随意，案例要表述清楚、有条理和有细节，这样才能说明你的工作和意思，读者才能理解和借鉴。

概而言之，作者要了解和落实：什么是好的研究问题，什么是批判性思维，什么是你提供的做法的案例和论证，什么是一篇有中心、有重点、有条理、有细节、有价值、读者可以懂和学习的文章。

附例：《小学批判性思维课程的构建与反思》一文的结构

作为一个例子，可以看一下《小学批判性思维课程的构建与反思》（载《批判性思维教育研究（2021年第1辑）》第135—144页），它是比较符合上述流程和性质的。它讨论的问题，是真实、有意义、有焦点、他人没有充分研究过的；它的解答，是建立在作者的真实、细致、开创性的教学研究和实践的工作之上的。除了论述，它也给出了富有阐明性的具体实例，并在最后对解答的成效进行了讨论。

下面详细说明这个文章的写作流程。

文章一开头，如在摘要中提示的，是要回答这个中心问题："到底批判性思维适不适合走进小学而又如何走进小学？"第一部分的一开始，是叙述这个问题产生的背景——众所周知，目前的应试教育使学生丧失了好奇心、想象力和创造力……结果导致整体缺乏创新型的科技人才和理性的公民。所以，要改变应试教育模式、培养学生的批判性思维能力。随即，文章对它所依赖的"批判性思维"概念做了澄清和说明。它引用恩尼斯、范西昂等的定义，并说明它"是以理性和开放性为核心的理智美德和思维能力的结合，是一种谨慎公正的分析、构造和发展的过程"等。

接下来，是引入和说明这个具体的中心问题。批判性思维应该从基础教育开始，而且在小学阶段引入这个教育最有意义。开设独立的批判性思维课程，是批判性思维教育的一个必要部分。但它面对着疑惑和困难：许多人对小学生学习批判性思维有怀疑，这个课程没有在中国小学开设过，教材和师资都很缺乏。所以，问题是：到底批判性思维（课程）适不适合走进小学？对此，作者的立场/回答是，在小学开设独立的批判性思维课程是可行的，其已有一定的基础来推进它。

到此，文章完成了上述流程的①和②的环节：它说明了背景，提出了问题，澄清了概念，陈述了自己的立场/解决方案。接下来就是③和④环节：阐述对自己立场的具体论证或提出的解决方案的具体内容，最后讨论它们对解决这个问题的成效。

文章从第三部分开始，正是这样做的。它先论述作者的小学批判性思维课程的设计和实施。这是文章的主体，是它最有个性的内容之一。依据回答"何时教、谁来教、教什么、怎么教"的顺序,作者详细叙述了其如何安排课程、构造和培养教师团队、创建教材、摸索教学方法等工作。

然后,作者展示了一个教学实例,显示其如何用具体、符合孩子特点的教学程序和内容,来力图达到培育开放理性的教学目标。案例的说明文字、图像、表格都很清楚、有条理、易懂。它对展示作者工作的开创性和真实性,对其他学校教师的理解和借鉴,都十分有价值和有帮助。

文章最后部分,是讨论这样的工作对解决中心问题的成效。对此,一般可以有多种方式来讨论。比如用各种测试和对比的方式来检验教学/培育实践的效果,用访谈的方式了解学生的思考的进步,用他们在其他(比如学科学习或写作)方面的改善来显示,用相关人士对学生实际能力的评估来说明,等等。本文采取的是用实际中观察到的学生相关表现的进步的事例来陈述教学的成效。这样也是有力的。不过,它的一个不足,是缺乏对工作的现存问题和可能改进的具体探讨。虽然目前大多数文章都没有这个性质的反思,但我们认为,有的话,对作者和读者的未来工作都是一种帮助。

这样,作者得出最后结论:我们的做法,正面回答了本文的中心问题。

这样,作者也达到了写文章给同行看的目的:我们的研究和经验,值得传播,也能够传播。

这也正是我们编辑和传播《批判性思维教育研究》的目的。

《批判性思维教育研究》征稿启事

《批判性思维教育研究》编辑部

《批判性思维教育研究》作为国内专门针对批判性思维与创新教育的出版物,以刊载有学术性的理论研究和有实践意义的教学成果为目标定位,以言之有物、注重实效为选文标准。现面向全国公开发行,每年出版一辑。《批判性思维教育研究》编辑部特发布此征稿启事,征集《批判性思维教育研究(2024年第4辑)》稿件,敬请广大一线专家、学者、教师不吝赐稿。

征稿范围:

- 批判性思维和创新思维基本理论研究;
- 批判性思维与创新思维教学、方法、测试研究;
- 批判性思维与创新思维案例研究;
- 探究教育、问题分析、研究性学习专题;
- 基础教育中的批判性思维教育研究和教学。

写作要求:

1. 未公开发表过的原创文章。
2. 字数8000字左右,不超过1万字为宜(含注释,参考文献,附录,图表等)。
3. 来稿格式符合学术规范,包括摘要、关键词、英文摘要、英文关键词、个人简介等。
4. 来稿文内标题一般分为三级,第一级标题用"一、""二、"…标识;第二级标题用"(一)""(二)"…标识;第三级标题用"1.""2."…标识。
5. 正文字体为五号宋体。正文中的大段引用,用仿宋字体。正文中的归纳条目,用楷体。正文中的图名标注于图下方,表名标注于表上方。
6. 文中外国人名第一次出现时,应在译名后加外文姓名,如罗伯特·恩尼斯(Robert Ennis)。
7. 正文注释以脚注"①②…"标注于正文下方。注释中涉及的参考文献用"[1][2]…"以上标形式标注。具体文献放在文后,"[1][2]…"编码,与文中的"[1][2]…"序号对应。同一文献引用多次时,采用"[1][2]…"。著录格式请参照《GB/T 7714—2015 信息与文献 参考文献著录规则》。例如:

[1] 林崇德，张春兴．发展心理学［M］．杭州：浙江教育出版社，2002．

[2] 罗伯特·恩尼斯．批判性思维测试［J］．都建颖，李琼，译．工业和信息化教育，2016（6）：8-17．

[3] 中国教育报．两年跃居名校之列——潍坊（上海）新纪元学校优质发展解码［N/OL］．https：//m.sohu.com/n/475855841/? wscrid＝95360_2．

[4] Webb M E, et al. The contributions of convergent thinking, divergent thinking, and schizotypy to solving insight and non-insight problems［J］. Thinking & Reasoning, 2017, 23（3）：235-258.

[5] Sternberg R J. Creativity, intelligence, and culture［M］// Vlad PetreGlăveanu（ed.）. The Palgrave Handbook of Creativity and Culture Research, Basingstoke：Palgrave Macmillan, 2016.

[6] Mcguinness M. Why critical thinking is not a creativity killer［EB/OL］. https：//lateralaction.com/articles/critical-thinking/.

投稿邮箱：jcte@sisu.edu.cn

征稿截止日期：2024 年 5 月 31 日